探索古生物的祕密——

「我也能變成 化石嗎？」

石膏

火山灰

空洞

土屋健／著　前田晴良／監修　陳朕疆／譯

前言

【化石】fossils

指的是地質時代之生物（古生物）的遺骸，或生物所遺留下來的生活痕跡。（下略）

引用自《古生物學事典 第2版》（日本古生物學會編輯，朝倉書店刊行）

聽到「化石」這個詞，你會想到什麼樣的東西呢？博物館陳列的恐龍骨骼標本嗎？還是菊石？是琥珀內的昆蟲？還是在永凍土中發現的冷凍猛獁象呢？

古生物學中，有一個名為「化石形成學（Taphonomy）」的子領域，日日夜夜都在研究生物如何形成化石。本書即是一本以化石形成學為主題寫成的書籍。

「聽起來好難喔」如果你這麼想的話，還請你先別急著放下這本書。

其實一點都不難。

筆者相信，每個人一定都曾有過「化石是如何形成的」、「我也能成為化石嗎」之類的疑問，本書將試著從各個角度來討論這個問題。這是一本從「有點黑色幽默」的觀點出發，試著激發出你的好奇心的科普書。沒錯，它並不是一本專業的科學書籍，而是從娛樂的角度，帶領你享受化石形成學樂趣的閒書。

為什麼骨頭比較容易變成化石保留下來呢？為什麼長眠在岩石內的菊石只剩下殼而已？琥珀裡的昆蟲，像某個著名電影裡說的一樣，還留存著DNA？冷凍的猛獁象為什麼會皺皺的？只要是與化石有關的基本問題，在這本書中都可以找到解答。學習「化石如何形成」的時候，不妨也試著想像看看「當自己變成化石的時候」會是什麼樣子吧！

這本書的所有內容，皆經過九州大學綜合研究博物館的前田晴良教授確認。與結核（concretion）有關的內容，是在名古屋大學博物館吉田英一教授的幫助下完成；與人類學有關的內容，則是在日本國立科學博物館人類研究部的人類史研究團隊長，海部陽介先生的幫助下完成。標本攝影方面，是在Museum Park茨城縣自然博物館、城西大學水田紀念博物館大石化石美術館、名古屋大學博物館等多個單位的協助下完成。在此也特別感謝世界各地的博物館相關人士、研究者等，在百忙之中仍願意提供珍貴的標本圖像。特別是在圖像方面，本書蒐集了相當多歷史性的標本圖像，請你一定要閱讀看看。……雖然本書的價格比筆者過去寫的《古生物的黑皮書》系列還要高一些，但我敢保證，內容絕對值得這個價格。

　　本書的製作團隊，與拙作《古生物的黑皮書》系列大致相同。其中包括有為這本以奇形怪狀的古生物為主題的書繪製「療癒風插圖」的Erushima Saku、負責拍攝照片的安友康博、幫忙製圖的筆者的妻子（土屋香）、為本書設計獨特風格的WSB inc.橫山明彥、負責編輯工作的Do and do planning伊藤Azusa、技術評論社的大倉誠二等，在此向各位表示謝意。

　　最後，我也要特別感謝拿起這本書的你。歡迎你藉著「成為化石的方法」這個看似單純，卻也是古生物學「根本」的課題，盡情享受古生物學的樂趣。

　　誠摯地希望，這本書能夠滿足你對知識的好奇心。

2018年7月
筆者

哪種化石最適合你?

哪一章介紹的化石最符合你的期望呢?
請選擇和你想像中的化石最貼近的答案吧!

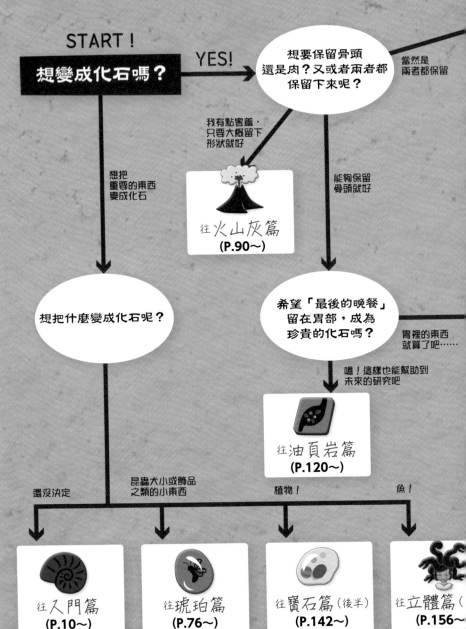

START !

想變成化石嗎?

YES!

想要保留骨頭
還是肉?又或者兩者都
保留下來呢?

當然是
兩者都保留

我有點害羞,
只要大概留下
形狀就好

想把
重要的東西
變成化石

能夠保留
骨頭就好

往火山灰篇
(P.90~)

想把什麼變成化石呢?

希望「最後的晚餐」
留在胃部,成為
珍貴的化石嗎?

胃裡的東西
就算了吧……

喝!這樣也能幫助到
未來的研究吧

往油頁岩篇
(P.120~)

還沒決定

昆蟲大小或飾品
之類的小東西

植物!

魚!

往入門篇
(P.10~)

往琥珀篇
(P.76~)

往寶石篇(後半)
(P.142~)

往立體篇(
(P.156~

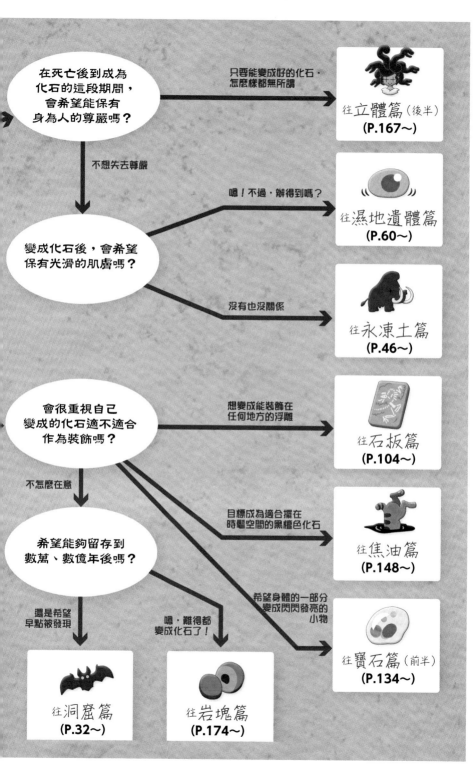

在死亡後到成為化石的這段期間，會希望能保有身為人的尊嚴嗎？

只要能變成好的化石，怎麼樣都無所謂

往立體篇（後半）
(P.167～)

不想失去尊嚴

變成化石後，會希望保有光滑的肌膚嗎？

嘎！不過，辦得到嗎？

往濕地遺體篇
(P.60～)

沒有也沒關係

往永凍土篇
(P.46～)

會很重視自己變成的化石適不適合作為裝飾嗎？

想變成能裝飾在任何地方的浮雕

往石板篇
(P.104～)

不怎麼在意

希望能夠留存到數萬、數億年後嗎？

目標成為適合擺在時髦空間的黑檀色化石

往焦油篇
(P.148～)

希望身體的一部分變成閃閃發亮的小物

往寶石篇（前半）
(P.134～)

還是希望早點被發現

往洞窟篇
(P.32～)

嗯，難得都變成化石了！

往岩塊篇
(P.174～)

Contents

1 入門篇
〜化石化的基礎〜

2 洞窟篇
〜人類化石產量No.1！〜

3 永凍土篇
〜天然的「冷凍庫」〜

12 岩塊篇
～岩石變成時空膠囊～

? 番外篇
～無法重現的特殊環境？～

! 另類的後記
～為了後世的研究者～

1 入門篇

~化石化的基礎~

究竟什麼是「化石」呢？

死掉之後想變成化石。

你是否曾經有過這樣的想法呢？看到博物館內陳列的恐龍骨骼標本時，會不會覺得「啊啊，如果我死掉之後能被陳列在它旁邊的話，或許還不錯」？又或者，你會不會想讓自己重要的東西成為化石，被後世的人類（或其他智慧生命體）挖掘出來呢？

⋯⋯咦？從來沒有這麼想過嗎？真的嗎！？即使如此，也請你別急著把這本書闔上。我想，在讀完這個入門篇後，你一定會開始想像自己的化石是什麼樣子，而變得愈來愈有興趣的。

研究化石的形成過程，是古生物學的一個領域、一門學問。藉由觀察古生物的化石，瞭解到「這種化石如何形成」，是這個領域的研究重點。這門作為古生物學「整體基礎」的學問，名為化石形成學（Taphonomy）。

既然都想變成化石了，不如就讓我們進入化石形成學的世界，看看是否可能依照想像中的樣子，留下自己的化石吧！

那麼，你想像中的「化石」，是長什麼樣子呢？
舉例來說，假設你想把你的骨骼陳列在恐龍全身復原骨

骷的旁邊。這樣的話，只要在你死後把骨骼重新組裝起來就可以了。這就是所謂的「骨骼標本」，學校的理科教室常常可以看到這種標本。

還有一種標本叫做透明標本[01]。經過化學藥品等工具處理之後，可使肌肉與其他軟組織透明化，並使硬組織染上特定顏色。在經驗豐富的「技術專家」巧手之下，甚至還可以將眼球等軟組織「染成不同的顏色」。如果要長期保存這種標本的話，需要徹底遵守溫度管理，以及其他相關規則。若真的完成，想必會是個很美的標本吧（筆者倒是從來沒親眼見過像人那麼大的透明標本）。

「這種透明標本並不是我理想中的化石，我才不要變成什麼透明標本！」應該不會有讀者一邊這麼想，一邊把書闔上吧？

沒錯，透明標本其實並不是化石，理科教室的骨骼標本也不算是。

那麼，「化石」到底是什麼呢？

「從字面上來說，化石指的是「化」成「石」頭的東西，所以化石應該會像石頭一樣硬梆梆的才對。」應該有不少人會這麼想吧？

確實，有些變成化石的樹木被敲打時，會發出鏗鏘般的金屬聲。有些骨頭化石相當沉重，就像鈍器一樣堅硬。

不過，如果是葉的化石[02]的話，就不會像石頭那麼硬了。除此之外，有的樹木化石一被觸碰就會一片片剝落下

01
家鼠的透明標本
透明標本是將軟組織透明化，並為硬組織染上顏色的骨骼標本。藉由透明標本，可以看清楚骨頭的位置與關節的連接方式……但這個並不算是化石。
Photo：Iori Tomita

11

02
葉的化石
連細微結構都被保存下來
的蕨類植物，狼尾蕨的化
石。產於栃木縣那須塩原
市。木之葉化石園館藏標
本。並不堅硬。

Photo : Office GeoPalaeont

來，有的骨頭化石相當脆弱一碰就散，某些貝殼的化石可以
看出它們生前應該又硬又堅固，但變成化石後卻又脆又鬆
散。可見「化石」不一定會「像石頭一樣堅硬」。

　　「化石」這個字，與英語中的「fossil」指的是同樣的
東西。但英語的fossil並沒有「石」的意思，其語源為拉

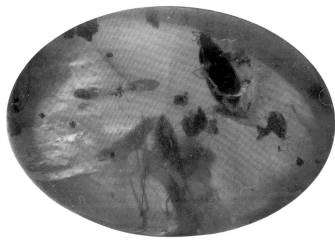

03
冷凍猛獁
真猛獁象「YUKA」，也是所謂的「冷凍猛獁」標本。幼體，連身上的長毛都有留下來。產於西伯利亞，標本本身並不堅硬。

Photo：Aflo

04
蟲珀
內部包埋了約1億年前的昆蟲，長約1.5cm的琥珀。這種昆蟲化石多可留下觸角、附肢等細微部位。緬甸產。琥珀本身具有一定的硬度，不過內部的昆蟲化石就沒那麼硬了。

Photo：Fossil

丁語的「fossilis」，意為「挖掘出來的東西」。這麼一想，fossil確實不一定得是像石頭一樣堅硬的東西。像是在西伯利亞永凍土中找到的冷凍猛獁03與困在琥珀內的昆蟲04等，乍看之下很不像石頭的標本，也都屬於「化石」。

順帶一提，「化成石頭」這句話可能會讓你覺得，所有

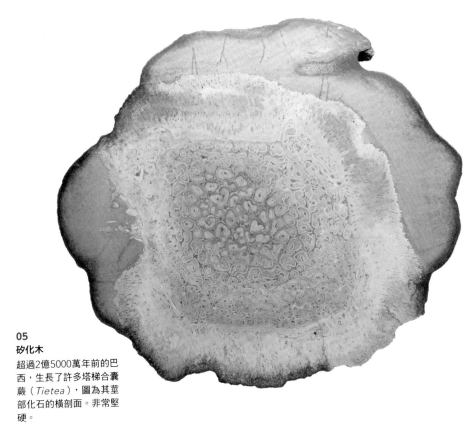

堅硬的化石，都是生物隨著時間經過，在化學作用下逐漸變化成某種成分不同於原生物體的東西。然而，並非所有化石都是如此。舉例來說，菊石、三葉蟲的殼化石，在大多數情形下主成分都是與牠們生前相同的碳酸鈣。脊椎動物的骨骼化石，成分大多也和牠們生前相同，皆為磷酸鈣。這些化石之所以會變得硬梆梆，是因為骨頭或殼內部的空隙，隨著時間逐漸被地殼內的化學物質塞滿的關係。

　　另一方面，也有些化石的主成分與原來的生物不同，如所謂的**矽化木**[05]。

　　那麼，這裡再問一次，究竟什麼是「化石」呢？

06
恐龍的足跡
於美國亞利桑那州已確
認的恐龍足跡。這也是
非常標準的化石。

Photo：Mark Higgins /
Dreamstime.com

　　想不出來的時候就翻翻文獻吧！由日本古生物學會所
編撰的《古生物學事典 第2版》中，「化石」一項的說明是
「地質時代之生物（古生物）的遺骸，或生物所遺留下來的
生活痕跡」。

　　這裡的「生物所留下的痕跡」，可以是**足跡**[06]、巢穴、
糞便等。就算你自己沒有成為化石，你所留下來的生活痕
跡，也會被稱作「化石」。

數千年前的人類（主要是富裕人士）的遺體，在各式各樣的防腐處理下，得以保存下來。不算化石。

既然化石一詞專指「生物」所留下來的痕跡，就表示人工製成的物品並不算在化石的範圍內。即使在古老地層中發現土器、石器等道具，也無法稱其為「化石」。

順帶一提，土器、石器被歸類為「考古遺物」，或者也可簡稱為「遺物」，屬於考古學，並非古生物學的研究對象。同樣是人類的遺骸，文明出現以前的遺骸多被歸類為化石，而文明出現以後的遺骸則多不被歸類為化石。舉個簡單的例子，尼安德塔人的骨頭是化石，但古埃及的木乃伊就不是化石了。依照這個原則來看，既然我們是文明時代的人類，就算我們說「想要變成化石」，從定義上來看，可能也只會被後人當作考古遺物來看。但這樣的話根本沒辦法再談下去，因此本書試著稍微改變化石的定義，將你「想作為化石留下的東西」（包含你自己）皆納入範圍內，從古生物學的角度討論如何讓它們變成化石。

話說「變成化石」是合法的嗎？

這裡我想先提一下日本的法律。即使你留了一封遺書，寫著「我以後想變成化石，所以我死後請做適當的處理，讓我能變成化石」，仍存在幾個需要克服的難處。

若想成為化石，需在死後將遺體埋入地下，但日本有所謂的「墓地、埋葬等相關法律」，該法律中詳細規定了應如何「埋在地下」。

特別是第2章的「埋葬、火葬，以及改葬」的第4條，寫著以下這項條文：

・不得於墓地以外的區域進行土葬或埋藏骨灰。

若將骨灰保存在骨灰罈內的話，就不可能變成化石了。話說回來，要想變成化石，就絕對不能用火葬。

　　這句話便大幅限縮了「想要成為化石」的可行性。既然要埋入地下，大家應該都希望能夠埋在自己喜歡的地方，或者是容易變成化石的地方吧……。然而在日本，如果執意要把自己的遺骨埋在自己希望的地方，卻可能構成違法行為。

　　就算按照法規在「墓地」內好了，現代日本並不允許直接把遺骨埋入地下，而須在火葬之後，將骨灰放入骨灰罈內，再埋入地下。在這樣的狀況下，與周圍土地之間又被位於墓碑下的石頭和混凝土隔開，很難變成化石。

　　說到這裡，可能有人會想到，那麼「撒骨灰」的話，又會怎麼樣呢？也就是將燒過的骨灰撒在山裡或海裡的「埋葬方法」。既然將骨灰撒回大自然，應該就自然而然地被掩埋起來了吧？

　　然而，撒骨灰這件事還是會有些問題。這項行為，不只與墓地、埋葬等法律有關，也可能會觸犯日本刑法第24章第190條。其條文如下：

・損壞、遺棄、任意取走屍體、遺骨、遺髮，或棺材內的物品者，處3年以下有期徒刑。

　　也就是所謂的屍體遺棄罪。

17

啊啊，居然要判刑啊！

你已經死了倒是無所謂，但對幫助你的人來說會是個很大的麻煩。

不過，所謂的骨灰，就是燒過又徹底粉碎的骨頭，基本上就是「灰」，與刑法上所規定的「屍體」和「遺骨」……似乎不太一樣。然而，就算是「灰」，也不表示怎麼處理都行，民法在這方面也有許多限制。如果考慮要撒骨灰的話，最好把相關規定調查清楚會比較好。

當然，對於想成為化石的讀者來說，「徹底粉碎，基本上就是灰的狀態」，應該不在考慮範圍內吧？雖然我們可以用化學鑑定的方式判斷出這是人類的骨頭，但灰就是灰，早已看不出原型……與「變成化石」的期望實在是距離太過遙遠了。

那麼，如果不是「人類」的話又如何呢？本書的責任編輯於年幼時，飼養的烏龜死亡的時候，也在想著能不能讓牠成為化石留下來。如果是動物的話，能不能把牠們的屍體「埋在自己想埋的地方」呢？

可惜的是，日本相關法律規定得相當詳細。動物遺骸在法律上被視為「一般廢棄物」（對動物愛好者而言，實在不太能接受這項措施。對於把飼養的兩隻狗當成家人的筆者來說，更是感到遺憾），受到「廢棄物處理與清潔等相關法律」規範。不過，「交給動物靈園事業處理的動物屍體」，就不會被當成廢棄物處理了。

然而，要是埋在靈園的話，也不會變成化石。和人類一樣，動物的遺骸大多都會裝在骨灰罈內再行埋葬，不會是「埋在地底的狀態」。

因此，雖然說起來很遺憾，但若要成為化石，法律上還

是得先將其視為「一般廢棄物」進行處理才行。不過法律並不允許將動物遺骨埋在公有地，或其他人的私有地內。日本環境省規定，飼主只能將動物遺骨「埋在飼主自有地」。除此之外，還須防止腐敗，以及解決各式各樣的難關。我試著查過數個相關網站，每個網站結果都顯示「就現實層面而言，要處理大型動物是件很困難的事」。

　　順帶一提，在日本，如果在公有地埋葬動物屍體的話，會違反輕犯罪法。當事人會被視為以下條文中：

‧違反公共利益，任意丟棄垃圾、鳥獸屍體或其他汙穢物、廢物的人

　　看來即使是動物，也很難實現「想埋在這裡」、「想在這個地方變成化石」的願望。

　　看到這裡，可以知道就算你「想要變成化石」、「想要作為化石留在這個世界上」，在目前的社會上卻不是件容易的事。

　　因此，閱讀本書時，請當作是在進行思考實驗一樣，享受想像的樂趣就好。就算很有興趣，也請別把它當成「實踐書」來照著做。

　　嗯，總之就是這個意思。

不管是好孩子還是壞孩子，都請你絕對不要模仿。

要怎麼死才行？怎麼死會NG？

理所當然的，要成為化石，就必須先死掉才行。

不僅是人類，只要是活著的動物，組織都會隨著代謝活動而持續更新。不管是骨頭或殼等硬組織，還是皮膚等軟組織皆是如此。而化石是處於「時間停止」狀態下的生物，若要成為化石，就必須死掉，讓更新作業停止才行。「想要看到成為化石的自己」這句話聽起來就像「長大以後想變成暴龍」一樣……甚至是比那更不可能實現的願望。

一般而言，或者說教科書式的化石誕生機制，包括以下3個步驟。

步驟1　死亡
步驟2　遺骸埋藏在地底
步驟3　「石化」

接下來，讓我們一一說明各個步驟。

首先是步驟1的「死亡」。

如同先前所述，活著不可能變成化石，所以死亡是必要條件。

那麼，該怎麼死才好呢？

先來看看事故死亡吧！我們會在之後的章節中再次詳細說明，不過事實上，成為化石的生物幾乎都不是老化後自然死亡的。牠們大多數是碰上某些意外，使其「意外死亡」。然而，若我們想成為化石，或者是想將某些生物變成化石的話，最好不要因為意外而死亡。特別是要避免交通事故，或者是從高處落下之類的「物理上的意外死亡」。因為這很有

化石誕生之「典型」3步驟

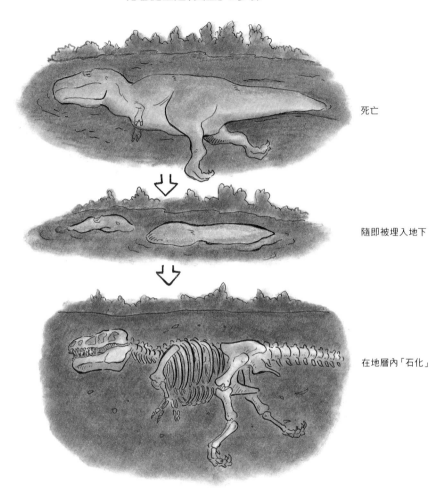

死亡

隨即被埋入地下

在地層內「石化」

可能會使屍體在被埋入地層前，就遺失某些部分，或者使某些部分變形、受到嚴重損傷。之後也會提到，考慮到化石形成之各步驟條件，最好盡可能避免物理上的傷害。

　　因毒物而造成的「化學上的意外死亡」，隨著毒物種類

要是死後遺骸曝屍荒野的話，作為化石保留下來的可能性會變得相當低。啊～～請不要把遺骸打包帶走啊……。

不同而有不同程度的傷害，有些毒物會對內臟和骨頭造成嚴重損傷，最好也要避免這種死亡方式。在同樣的理由下，最好也不要因為疾病而死亡。

被肉食動物襲擊而死亡，則比意外死亡更糟糕。這是因為被襲擊後，遺骸的命運只有一個，那就是進入肉食動物的胃中。皮被剝掉，肉被撕掉，骨頭被咬碎，然後被胃酸溶解。別說是要變成化石了，連遺骸本身都會消失得無影無蹤。

在「提供後世作為研究材料」的意義上，被肉食動物襲擊而死亡也並非完全沒有意義。雖然機率很低，但如果襲擊你的肉食動物馬上死去，變成化石的話，你的部分遺骸也會一起被保留下來。對於後世的研究者來說，這可以說是不可多得的研究材料，因為這將會是研究該種肉食動物生態的絕佳機會。

07
暴龍糞化石
體積達2ℓ的糞化石。
裡面包含了尚未消化完
的草食性恐龍骨頭碎
片。很硬，而且不臭。

Photo : the Royal
Saskatchewan Museum

　　另外，如果被肉食動物吃下去、嚼個粉碎的話，會與其
他食物殘渣一起從肛門排出，這些被排出的東西也可作為研
究材料。

　　沒錯，就是大便（糞）。動物的糞也會作為化石遺留下
來，又稱作**糞化石**[07]。分析糞化石，可以瞭解當時的動物以
什麼為食。

　　基本上，糞和其他軟組織一樣，作為化石保留下來並不
容易。不過，某些特定動物一生中的排便量非常龐大，其中
說不定會有部分糞便以化石的形式留存下來。如果想要作為
糞化石遺留至後世的話，就必須賭上這微乎其微的機率。

　　看完這種「犧牲奉獻的例子」，我們可以知道，倘若
「想要盡可能留下全身的化石」、想要用理想的方式死亡的
話，就必須避免碰上意外、避免生病，而應該要「突發性地
死亡」。

　　特別是，假如想留下骨頭或牙齒，就必須特別注意健
康。對於脊椎動物來說，骨頭和牙齒是最堅硬的部分，也是

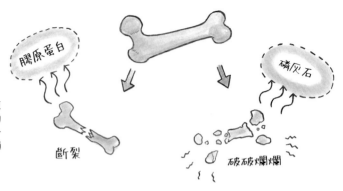

骨骼內含有具彈性的膠原蛋白，以及可增加硬度的磷灰石。要是少了其中一項，骨骼就會變得容易損壞。

最容易變成化石保留下來的部分。它們主要包含了兩種成分，分別是名為「膠原蛋白」的蛋白質，以及名為「磷灰石」的礦物。

膠原蛋白與骨頭的彈性有很大的關聯。要是膠原蛋白完全消失的話，骨頭會失去彈力，變得容易斷裂。

磷灰石則與骨頭的強度有關。如果骨頭沒了磷灰石成分，只剩下膠原蛋白，就算仍然保有彈性，也會失去原有的硬度。

從這個角度來看，在生前就保持膠原蛋白和磷灰石的平衡，讓骨頭長得堅固又有彈性便是一大重點。順帶一提，磷灰石的主成分是磷酸鈣，因此請你像平常聽到的一樣，多多攝取鈣質。

考量到骨頭和牙齒的成分，死後基本上應該避免火葬，因為膠原蛋白很不耐熱。火葬之後，膠原蛋白會完全消失，只剩下磷灰石。這麼一來，骨頭會變得相當脆弱，在化石形成的後續步驟中很容易壞掉。不過，「火葬」也有一些例外，這就等之後的章節再做介紹。

要是沒有埋在地底下，就算沒被動物攻擊，也會被大自然風化……。「馬上被埋起來」真的是一大重點。

　　非疾病或意外的突發性死亡、遺骸也完整保留沒經過火葬，滿足了這些條件後，就可以進入下一個步驟「將遺骸埋藏在地底」了。

　　最重要的一點是，絕對不能長時間曝屍荒野。應避免遺骸長時間與外界接觸，要迅速被埋入地下才行。

　　有以下幾個原因。

　　第一個原因，與前面的「死亡」步驟一樣，遺骸可能會直接變成肉食動物的食物。皮被剝掉，肉被撕掉，骨頭被咬碎，有時身體的一部分還會被帶到別的地方。既然都死了，自然就沒辦法逃跑了。若是如此，將只能放棄全身都變成化石的目標。

　　就算是在沒有肉食動物的地方，肌肉、器官等軟組織大概也會被微生物分解，而露出骨頭。若骨頭暴露在野外，便會受到風雨的吹打。如果雨含有酸性成分，將逐漸腐蝕骨頭；要是風含有沙子、泥土等微粒，在這些微粒的碰撞之下亦會使骨頭逐漸損壞。另外，溫差大對骨頭的保存來說也不是好事。

為了保護骨頭不被這些作用給破壞，最好能迅速將之埋入地底。

　　不過，自然界又有多少比例的動物屍體可以在死後迅速地「埋沒」至地底呢？隆納‧馬丁（Ronald E. Martin）的著作《Taphonomy: A Process Approach》中，介紹了1980年代的相關研究。這些研究指出，若有250具某種脊椎動物的遺骸，那麼免於被肉食動物破壞的遺骸約有150具，而能夠避開風雨作用，順利埋入地底的遺骸則約有50具。也就是約「5分之1」左右的機率。聽起來好像很多的樣子，不過這個計算其實只考慮到「留下部分身體即可」的情形。若是從「一個個體可以留下多少塊骨頭」的角度來看，假設這個個體有152塊骨頭，那麼真正能夠順利埋入地底的，只有8塊左右。在大多數情況下，遺骸並不會完整地保留下來。

　　順帶一提，就算順利埋入地底，仍不能大意。地層可能會因為地殼變動而彎曲，有時還會裂開，出現斷層。這表示，在火山活動和地震活動比較不頻繁的地區，譬如大陸的內陸部分，就是比較推薦的「埋葬地點」。

　　再來就是最後一個步驟「石化」了。說到石化，可能會讓你聯想到被希臘神話中的怪物瞪視後，逐漸硬化的樣子。不過我們在開頭時也曾提到，化石並非一定是硬梆梆的樣子，就算變硬，主成分可能也不會有多大的改變，所以石化這種說法可能會讓人有些誤會。

　　變成化石的「石化」步驟，指的是在地底下所受到的各種作用。包括壓力、熱、周圍地層的化學成分等，生物遺骸會在各式各樣的影響之下，逐漸形成化石。

　　順利成為化石之後，接著就是要迅速被人（或者是其他智慧生命體）發現，再由他們運送到安全的地方保存。畢

一般來說，不太容易在
森林地區的厚實土壤底
下找到化石。就算帶再
厲害的名犬去尋找，大
概也很難找得到吧。

竟，難得變成了化石，要是沒有讓更多人看到的話就太可惜
了不是嗎？

　　若想要找到化石，就必須等待含有化石的地層露出地表
才行。

從地層露出的瞬間，就會被風雨「侵襲」。因此及早發現，及早進行採集、挖掘，是一大重點。快來找我吧……。

　　一般來說，在植物生長茂密的森林地區，由於地表覆蓋著厚實的土壤，看不到古地層，因此比較難找得到化石。

　　相反的，土壤較薄的地方，譬如荒野之類的地區，或者是土壤流失、露出古地層的沼澤、河川、海岸等地方，就比較容易找得到化石。

　　不過基本上，「容易找到化石」和「化石容易被破壞」幾乎可視為相同的意思。露出地層的化石會直接面對風雨的破壞，所以還是盡可能早點被發現會比較好。即使化石已露出地表，很容易看見，但要是地點位在距離民家或商隊很遠、沒什麼人經過的地方，要被發現仍是件很不容易的事。

　　所以說，埋葬地點需要仔細考慮才行。真要說的話，埋葬時不應只考慮目前的狀況，也要考慮到未來，預測該地區的環境會出現什麼樣的變化才行。

名為「化石礦脈」的「最佳地點」

既然都變成化石了，想必你也會希望能成為一個「優質的化石」吧？也就是說，可以的話最好全身都變成化石。如果連肌肉和內臟都能留下的話，作為化石的稀有價值也會提升不少。

不過，體型愈大的生物，通常也愈難留下全身的化石。就拿全長超過30m的恐龍來說，我們目前所發現的阿根廷龍（*Argentinosaurus*）的化石，只有數個脊椎骨，僅為身體的一小部分而已。而肉食性恐龍的代表，暴龍（*Tyrannosaurus*）的化石，至今雖已公開發表了約50個標本，但這些化石中，保存率在6成以上的標本非常少，8成以上的標本更是一個都沒有。樹高約數十公尺的巨木，大都也只有一小部分成為了化石。我們會將這些動植物化石的部位，與近緣種的資訊進行比對，然後再據此推測出原生物的整體大小。

另一方面，只能用顯微鏡觀察的微小化石，幾乎都會留下整體的模樣，許多化石連細微的體表輪廓都有完整地保留下來。這種化石的美妙就留待後續章節中再做介紹。

為什麼體型愈大的動物愈難留下化石呢？要回答這個問題，我們可以列舉出許多原因。

體型愈大，遺骸就愈容易被其他動物發現，愈容易被攻擊。體型愈大，被埋沒在地下所需要的時間愈長，在完全埋入地底以前，就會因風吹雨打而損壞。

而且，愈大的東西，在地底下愈容易損壞。當地層裂開時，化石就會被裁斷；地層扭曲變形的話，化石也會在壓迫之下變形。輕微的地殼變動可能不會影響到小型化石，卻會

讓較大的化石受損。

在露出地表之後、被發現之前，也很有可能漸漸被風雨、河川等外力破壞。

另外，前面曾經提到，與骨骼、牙齒、外殼等硬組織相比，肌肉、內臟等軟組織比較不容易以化石的形式保留下來。因為通常它們在變成化石之前，就會先被其他生物分解掉了。

甲蟲類的鰹節蟲一天可以分解8kg的軟組織。他們也會吃掉衣櫃內的衣服，是一種家庭害蟲，請多加注意。另外，正如其名，鰹節也是它們的食物。

1980年出版的《Fossils in the Making: Vertebrate Taphonomy and Paleoecology（Prehistoric Archeology and Ecology series）》中，介紹了一個案例，那是被放置在肯亞察沃國家公園內的大象遺骸。在一開始的2週內，肌肉和內臟被細菌與其他無脊椎動物吃個精光，而在之後的3週內，皮和韌帶也會被吃乾淨。這種啃食皮和韌帶的無脊椎動物，是名為「鰹節蟲」的小型甲蟲。

這本書中也提到，鰹節蟲可以用一天8kg的速度「處理」遺骸。如果是減肥的話，這種速度可說是一點也不健康，不過被它們吃過的遺骸「只會留下骨頭和牙齒」，故可以說沒有比這更令人放心的處理方式了。

順帶一提，在製作骨骼標本的領域中很常利用鰹節蟲，因為這樣就可以在不使用化學藥品的情況下，以自然的方法除去動物遺骸的軟組織。如果你希望能完全除去軟組織後再變成化石的話，就先把這種方法記下來吧。

雖然我們說軟組織不容易作為化石保留下來，不過任何事都有例外。

在某些特定地層內，可以找到還留有軟組織，甚至消化道內還殘留吃下的食物，且保存完好到可以推測出該生物的最後一餐吃了些什麼的化石。真要說的話，有些化石不只軟

組織，就連全身都完整地被保留下來。像這種出產優良化石的地層，就稱做「化石礦脈」。

如果你想要成為化石遺留至後世，或者想把自己的「某個重要物品」留下來的話，化石礦脈的條件想必會是很重要的線索吧。本書會介紹優良的化石產地以及化石礦脈，並解說這些地方分別留下了哪些化石，歡迎作為參考……再強調一次，只是作為「思考實驗」的參考喔！

那麼，「死後想成為化石」的你，想要留下什麼樣的化石呢？

想要保持生前的姿態，連外皮一起保留下來嗎？

還是只想保留骨骼呢？

會不會想要留下什麼訊息，傳達給之後發現、挖掘出化石的人類（或者是其他生命體）？

請你邊翻閱這本書，邊試著想想看吧！

2 洞窟篇

～人類化石產量No.1！～

洞窟內可找到優質的人類化石

不管要做什麼事，最好都能夠檢視過去的成功例子、過去的實績。既然想要變成化石，首先就讓我們來實際看看已被發現的人類化石吧！

近年來發現的人類化石中，2015年9月由南非共和國維瓦特斯蘭大學的Lee Rogers Berger等人所發表的納萊迪人（*Homo naledi*），就是一個保存良好的化石。研究人員在南非共和國北部的升星岩洞（Rising Star Cave）內發現了超過1500個化石[01]，其中包括1個人的全身骨骼化石，以及至少14個人的部分骨骼化石。

納萊迪人的全身骨骼化石中，除了肋骨和部分遺失的骨頭之外，從頭頂到腳底的所有骨頭幾乎都被保留了下來。或許你會想：「既然都叫做『全身』骨骼了，有全部的骨頭不是很理所當然的事嗎？」但事實上，能夠留下那麼完整的人類單一個體骨骼，其實是相當難得的。

Berger等人的分析指出，納萊迪人的頭、手、腳等部位與現生人類相似，皆擁有人屬的特徵。另一方面，肩膀和骨盆等部位的特徵，則比較接近南方古猿（*Australopithecus*）這種較古老的人類。因為這些特徵，所以將其視為「人屬的新種」，以新的學名命名之。納萊迪人究竟是不是新種人類，在人類學領域中引起了一番熱烈的

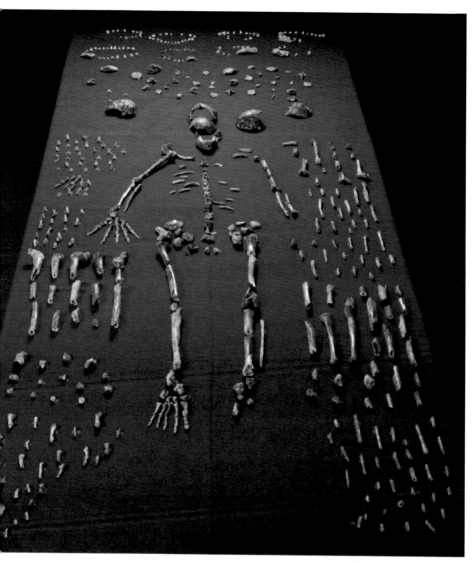

01
保存得很完好

升星岩洞內保存完好的人
骨化石。每個部位都那麼
完整，實在相當難得。

Photo : John Hawks / the
University of the Witwa-
tersrand, Johannesburg

討論。

　　不過，這並非本書關注的重點。納萊迪人的全身皆被完
整保留了下來，才是我們想強調的。

　　2015年9月號的《國家地理雜誌》中，詳細報導發現納

萊迪人化石的洞窟。洞窟深達100m，要抵達洞窟深處，需穿過一段狹窄的道路，有些地方甚至不到25cm高，還有許多像鯊魚牙齒般的鐘乳石和流石（flowstone），然後往下鑽入12m深的縱穴，接著再往深處前進，化石就位於一個縱深約9m，寬約1m的空間內。因為納萊迪人化石散落、埋藏的位置隱密，路線也過於狹窄，讓人難以通過，Berger等男性研究者沒辦法抵達洞窟深處，只好把挖掘工作交給較瘦小的女性研究者負責。

為什麼在如此難以抵達的地方，會有大量的人骨呢？這仍然是一個謎。有人認為這些骨骸原本是在洞口附近，但因為豪雨等原因，使大量的水灌入洞內，將骨骸沖至洞窟深處。然而，如果骨骸是藉由水流被運送至洞窟深處的話，那麼洞窟入口附近的小石頭應該也會一起被運送到洞窟深處才對，但洞窟深處卻找不到類似的痕跡。

再說一個優良人類化石的例子吧！1997年，在南非共和國東北部的斯泰克方丹洞穴內，發現了保存率超過90%的**南方古猿屬化石**[02]。就人類化石而言，「90%」算是相當高的保存率。這個化石被流石和角礫岩等覆蓋著。

兩個例子的共通之處在於，這些化石都是在石灰岩洞窟

升星岩洞的剖面示意圖。參考2015年10月號的《國家地理雜誌》內容繪製而成。

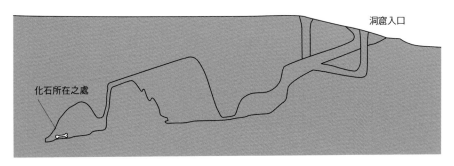

洞窟入口

化石所在之處

02
被石灰質岩石覆蓋
在斯泰克方丹洞穴內發現的人類化石（左），發現時被石灰質岩石覆蓋著（右）。

Photo: (左) Ron Clark (右) Laurent Bruxelles

內發現的。順帶一提，鐘乳石和流石都是石灰質的石頭。南非共和國內有好幾個像這樣的石灰岩洞窟，並以內部保存了許多人類化石而聞名。這些洞窟的所在區域又稱作「南非人類化石遺跡群（Fossil Hominid Sites of South Africa）」，被聯合國教科文組織指定為世界遺產。

不是只有人類喔！

在洞窟內找到的化石，並不是只有人類而已。

典型的例子包括許多名字內有「洞」、「穴」（英文是Cave）的動物化石。

舉例來說，距今約1萬1000年前滅絕的洞熊（*Ursus spelaeus*）就是其中一種。在歐洲北部的洞窟常發現這類化石。牠們的頭身長約2 m，與目前生活在北海道的棕熊體格相近。不過和棕熊相比，洞熊的頭骨比較大一些，腳也比較

03
不是只有人類
「熊洞」內有許多洞熊
的優良化石。

Photo：Horia Vlad Bogdan
/ Dreamstime.com

短一點。

　　人們在各個洞窟內找到的洞熊化石數量太多，所以連研究者們都沒辦法確定洞熊的生態是什麼樣子。舉例來說，羅馬尼亞 Emil Racovita 洞穴學研究所的 Cajus G. Diedrich 在2005年發表的報告中指出，光是德國西北部的 Perick 洞窟群內，就找到了2404個洞熊的化石。順帶一提，「2404個」指的是骨頭的總數，個體數不明。另外，羅馬尼亞西部的「熊洞」（Bears' Cave）之中，也找到了超過140個洞熊化石[03]。

　　美國國家公園管理局的 Gary Brown 所寫的《The Great Bear Almanac》中提到，洞熊化石過去曾被當作獨角獸或龍的骨頭，而被大規模開採。也就是說，目前應該已有相當多的洞熊化石在市面上流通，在開採之前，洞窟內原有的洞熊化石可能還要更多。

　　為什麼洞窟內可以找到那麼多的洞熊化石呢？

　　Brown 認為，洞熊可能是將洞穴作為住處使用。另外他

洞熊化石中，可能有些是在冬眠時死亡的。

還提到，由於化石多為年幼個體和年老個體，牠們很有可能是在冬眠時因為寒冷或疾病而死亡。牠們不是被肉食動物襲擊而亡，也不是因為落石等物理性意外而死亡。這種接近自然死亡的死法，使其容易變成化石保存下來。

名字被冠上「洞」的化石不是只有洞熊而已。人們還發現了洞鬣狗（*Crocuta spelaea*）這種哺乳類動物的化石。牠們和現生的鬣狗有相似的體型，頭身長約為1.5m。

另外還有穴獅（*Panthera spelaea*）也屬於這類動物，和洞熊、洞鬣狗生存於同樣的年代、同樣的地區。穴獅是頭身長2.5m的貓科動物，體型與現生的獅子相近。不過一般認為，牠們不像現生獅子般有鬃毛，尾巴尖端也沒有毛球般的膨起。「既然可以知道這種事，是不是表示有找到穴獅毛的化石呢？」能夠想到這個問題的你還真是敏銳啊⋯⋯但可惜的是並非如此。在法國的拉斯科洞窟內，留有當時的人類所繪製的穴獅壁畫，我們就是由這些壁畫，判斷出當時的穴獅沒有鬃毛和尾巴的毛球。

人們也曾在同一個洞窟內發現洞熊、洞鬣狗和穴獅的化石。不過洞鬣狗與穴獅化石的開採情況與洞熊化石則有些不同。

洞熊、穴獅和洞鬣狗可能偶然在洞窟內遭遇，發生打鬥，敗者就這樣變成了化石。

　　Diedrich 在 2009 年的研究中指出，洞鬣狗與穴獅或許原本生活在這個洞窟內，但對牠們來說（特別是對穴獅來說），這個洞窟與其說是巢穴，更有可能是牠們的「獵場」。也就是說，牠們可能是看上了生活在洞窟深處的洞熊，特地進來這個洞窟內捕食這隻洞熊的。事實上，在洞窟內發現的洞熊化石，約有41%可以找到洞鬣狗的咬合痕跡。不過，在化石上找到這樣的痕跡，也不代表洞熊就一定是被洞鬣狗咬死的。也可能是洞鬣狗被洞熊襲擊之後，反咬回去所留下來的痕跡。

　　再舉一個例子吧。澳大利亞北部的里弗斯利地區有個著名的化石產地「拉坎的巢穴」（Rackham's Roost Site）。那裡曾經是一個石灰岩洞窟，近年來陸續發現了大量約500萬年前～300萬年前的動物化石。

　　之所以說「曾經是」，是因為拉坎的巢穴現在並不是洞窟。在經年累月的岩石崩落下，現在只看得到它曾經是洞窟的痕跡。而這些崩落的岩石當中，有大量的蝙蝠化石。

　　通常，蝙蝠之類的飛行動物因為骨頭比較輕，很容易被破壞，不易形成化石。因此，蝙蝠的演化至今仍藏有許多謎

題。

　而拉坎的巢穴附近卻發現了大量的蝙蝠骨頭，這個例子也可以用來說明「洞窟」是保存化石的優良場所。

　留下動物化石的洞窟，幾乎都是由石灰岩構成的。在前面的例子中我們也看到，保存了人類化石的洞窟亦為石灰岩洞窟。

為什麼洞窟是「優良場所」？

　為什麼由石灰岩構成的洞窟內，可以發現許多保存良好的化石呢？

　首先，在各式各樣的洞窟當中，由石灰岩所構成的洞窟本來就佔了很高的比例。如果石灰岩洞窟本來就比較多的話，發現的化石比較多，也就不是什麼奇怪的事了。

　石灰岩這種岩石有50%以上是由碳酸鈣構成，容易溶解在酸性液體內。如果雨水中溶有大氣內的二氧化碳，形成弱酸性的酸雨，就能夠溶解掉石灰岩。

　降下地表的雨水流到地底下後，就會慢慢溶解石灰岩地層，使其內部形成有複雜地形的洞窟。據說全世界最長的石灰岩洞窟，總長超過了300 km的樣子。日本全國各地，從北海道到沖繩都有石灰岩洞窟。所謂的**鐘乳洞**04，也是石灰岩洞窟的一種。

　那麼，石灰岩以外的洞窟，是不是就不容易找到優質的化石了呢？在2003年出版的《第四紀學》中，有以下敘述。

　就拿海邊所形成的「海蝕洞」來說，在波浪的擊打下，海岸岩層中相對較軟的部分會被侵蝕而形成洞窟。構成海蝕

最適合保存化石的地方!?
鐘乳洞是相對「容易」形
成的一種洞窟，也是相當
適合保存化石的「優良場
所」。
Photo：Rostislav Glinsky /
Dreamstime.com

洞的岩石種類繁多，但無論是哪一種，洞窟深度都比石灰岩
洞窟來得淺。因為當波浪前進到洞窟的最深處時，力道會變
得很弱，無法繼續侵蝕下去。

　　海水的水位會隨著潮汐而改變，不少海蝕洞在滿潮時會
完全沉入水面下。當海蝕洞完全沒入水中時，波浪會一直打
到洞窟的最深處。考量到這一點，便可理解海蝕洞並不適
合作為包括人類在內的各種陸上脊椎動物的住處。《第四紀
學》中指出，「就算海蝕洞內有生物的遺骸或遺物，也會被
波浪帶走」，看來海蝕洞並不是形成化石的優良地點。

　　再來就是所謂的「熔岩洞」了。沿著地表流動的熔岩，
其外側會先冷卻凝固，而內部高溫、具流動性的熔岩則會接
著流出，使其成為中空結構。熔岩洞就是這樣形成的洞窟。
《第四紀學》中指出，「一般來說，很難在這類型的洞窟內

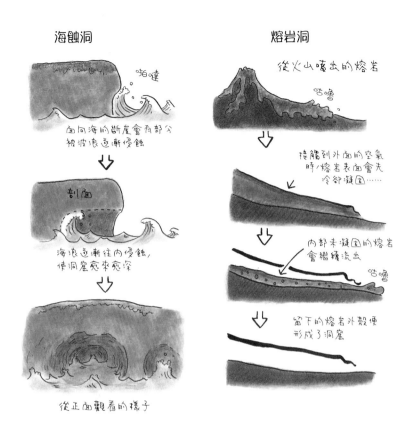

海蝕洞

面向海的斷崖會有部分被波浪逐漸侵蝕

啪達

剖面

海浪逐漸往內侵蝕，使洞窟愈來愈深

從正面觀看的樣子

熔岩洞

從火山噴出的熔岩

咕嚕

接觸到外面的空氣時，熔岩表面會先冷卻凝固……

內部未凝固的熔岩會繼續流出

咕嚕

留下的熔岩外殼便形成了洞窟

找到人類的化石、遺物，或者是脊椎動物的骨頭化石」。基本上，這種地方根本不適合作為動物的居住地點。

我們在入門篇中也曾提到，若希望化石保存良好，就必須「迅速將遺骸埋起來」。這是為了避免遺骸因腐敗而分解、因風雨而風化，或是被肉食動物啃食。

在洞窟這種地方死亡，就相當於被迅速掩埋起來一樣。遺骸可以避免風雨侵襲，如果位於洞窟深處的話，就更不會受到影響了。

另外，洞窟內部是否有複雜的結構，也是一大重點。剛才介紹的Diedrich的報告中提到，即使洞窟入口稍微有些狹

窄，像貓科動物之類的肉食動物仍有辦法進入洞窟內部。如果是在出入口附近，則有很大的機率會被肉食動物發現。不過，要是遺骸位於需要通過狹窄險要區域才能抵達的洞窟深處，危險程度就低了許多。本章一開始介紹的納萊迪人所在的升星岩洞，就是一個很好的例子。

同時具備「是洞窟」、「內部結構複雜」這兩個條件的地方，就只有石灰岩洞窟了。若想要成為化石，石灰岩洞窟可說是非常合適的場所。

石灰岩洞窟還有一個非常大的優點。美國加州州立大學的 Robert H. Gargett 在他的著作《Cave Bears and Modern Human Origins》中，特別描述了石灰岩的「pH（氫離子濃度指數）值」的重要性。

想必各位在自然科學課程中也有學過吧。pH 值是用來表示「酸鹼度」的指標，通常會用 0 到 14 的數值來表示（也會用到小數點以下的數字）。以「7」為基準，比 7 小的話是酸性，比 7 大的話是鹼性。數字很小時，是「強酸」；數字很大時，是「強鹼」。而剛好等於「7」的話，就是中性。

脊椎動物的骨頭是由磷灰石所組成，磷灰石的主成分為磷酸鈣。鈣對酸性液體的耐受力較弱，容易被溶解；相反的，鈣在鹼性環境下較容易保存。

石灰岩洞窟雖然是由酸性地下水所形成的，但石灰岩洞窟內的水卻不一定是酸性。石灰岩內含有大量的鈣，而含有鈣離子的水很有可能會呈鹼性。因為這樣的條件，使石灰岩洞窟成了適合保存骨頭的地方。另外，如同升星岩洞的例子，生成石灰岩洞窟的水會形成流石，「溫柔」地包覆住骨頭。這就是為什麼「鹼性的水和石頭」可以保護化石。

不過，有幾個點要特別注意。鹼性環境下，軟組織的分解速度相當快。也就是說，遺骸「只有骨頭會留下」。如果想要留下外皮、內臟的話，那麼石灰岩洞窟大概不太適合。

而且，石灰岩洞窟相當容易崩落，我們前面介紹的拉坎的巢穴就是一個例子。拉坎的巢穴留下了許多蝙蝠化石，但其「洞窟原型」已經消失。洞窟崩落時，如果化石沒有受到充分的保護，很有可能因撞擊而碎裂。事實上，拉坎的巢穴內所找到的蝙蝠骨頭化石，幾乎都已呈現碎片狀。雖然也得視地點而定，不過如果想讓數千萬年後的智慧生命體發現你的化石，就「長期保存」而言，石灰岩洞窟可能不太適合。

在洞窟內被水包圍著睡去，這個像莎士比亞的悲劇般，富詩意的景象可以命名為「石灰岩洞窟內的奧菲莉亞」。這麼一來，應該可以在「鹼性的水和石頭」的幫助下，漂亮地保存下來才對……不過軟組織大概會消失吧。

藉由壁畫傳達訊息

留在石灰岩洞窟內的化石，還有一個比較麻煩的地方，那就是很難確定這個化石是「從哪個年代留下來的」。

在大多數的案例中，化石的年代並不是由化石本身推測出來的。若想要計算出化石的年代，就需要利用所謂的「放射性同位素」，而化石本身通常不會含有這些東西（或者說沒有留下這些東西）。

那麼，什麼樣的東西會包含這種放射性同位素呢？最適合使用這種方法的就是火山噴發出來的物質，特別是火山

灰。舉例來說，如果有人說「這個化石是來自距今7200萬年前至6800萬年前的生物」的話，就表示含有這個化石的地層之下，有一個已被測定為7200萬年前的火山灰地層；而在含有這個化石的地層之上，則有一個已被測定為6800萬年前的火山灰地層。由於化石被這兩個地層夾在中間，故可推論「這是生存於7200萬年前至6800萬年前之間的某個時間點（且在這段時間內死掉）的化石」。

看到這裡，聰明的你一定也發現了，火山灰不會落進洞窟內。即使洞窟外的火山灰因某些作用而進入洞窟內部，一定也會混入各式各樣的粒子，使我們難以確定它的年代。如果骨頭上還留有膠原蛋白的話，就可以用膠原蛋白內的碳原子來測定年代了。不過，隨著時間的經過，膠原蛋白會逐漸消失，故無法用這種方法來測定死亡時間達一定程度以上的古老化石。

化石究竟來自於哪個年代的生物呢？

對於化石研究者來說，這是非常重要的資訊。在討論生物的演化，或者是驗證該地區與其他地區之關聯時，「時間軸」是必要的。既然想成為化石，或者將某些東西變成化石，就更應該把關於時間的資訊也一起留給後世。如此一來，化石就會具有更高的價值。請一定要為後世的研究者留下「何時死亡」的紀錄。

我想推薦你用壁畫來記錄。因為歐洲的石灰岩洞窟內，就有著早於1萬年前的人類所遺留下來的壁畫。既然如此，我們沒有不學習他們這種「經驗」的道理吧。

除了時間軸以外，也可以把你的性別、生活、工作等資訊以繪畫的方式畫下來。後世研究者看到這些東西時，想必會燃起研究的熱情。要留下什麼壁畫就由你決定吧！

當然，也可以寫下文字。但後世的研究者不一定看得懂現代語言，故請盡可能地把文章寫得簡單一些。另外，也要盡量多寫一些，因為例子愈多，解讀起來就愈簡單。繪畫也一樣，請盡可能畫得簡單且平易近人。

順帶一提，歐洲石灰岩洞窟留下來的壁畫中，大多是用石器在牆壁上削刻的「線刻畫」，以及用顏料描繪的「彩色畫」。顏料除了赤鐵礦或菱錳礦之外，也會用石炭之類的東西。和油漆或噴槍相比，學習先人的「經驗」，用這些材料在牆壁上畫圖應該讓人比較放心吧。

只要洞窟沒有崩落，骨頭就能完好地保存下來，還可以留下圖畫、文字等資訊。石灰岩洞窟可說是成為化石的絕佳地點，因此我相當推薦。

如果能將文化以壁畫的形式遺留下來，那麼後世人類，或者未來的智慧生命體，應該也會覺得高興吧？

3 永凍土篇

～天然的「冷凍庫」～

連肛門瓣膜都保存下來

如果要變成化石的話，希望不只是骨頭，連皮膚也可以一起保留下來，最好還能留下內臟。對於願望如此奢侈的你來說，或許相當適用用**永凍土**[01]來保存。如果採用這種方法來埋葬的話，就連當時身上穿的衣服都很有可能一起被保留下來。

永凍土是土壤溫度一直保持在**攝氏0℃以下**的「天然冷凍庫」。北半球陸地的20%為永凍土，廣布於俄羅斯、美國、阿拉斯加等地。永凍土的厚度每個地方各有不同，有些地方甚至超過500m。

永凍土中可以找到第四紀的生物化石。第四紀是指約258萬年前到現在的期間，也就是所謂的「冰河時代」。地球氣候會在冰期、間冰期之間反覆循環（目前為間冰期），到了冰河期的時候，氣溫會大幅下降，出現大規模冰川。永凍土所保存的化石，就是生存於這些寒冷時期的動物化石。而且，它的保存效果十分優異。

關於永凍土所產出的優質化石，「冷凍猛獁象」可說是其中的代表。

被稱為猛獁的象類有許多種。其中，以「冷凍猛獁象」的形式被保存下來的猛獁，主要是成體肩高約3.5m左右的真猛獁象（*Mammuthus Primigenius*）。和其他種類的猛獁

01
天然的冷凍庫
西伯利亞的永凍土，溫度永遠在0℃以下。可以「冷凍保存」各種動物的遺骸。

Photo : Aleksandr Lutcenko / Dreamstime. com

象相比，真猛獁象的分布範圍特別廣。順帶一提，日本的北海道也有找到牠的化石。

真猛獁象又有「長毛象」、「毛猛獁」、「猛獁象」等別名。本書之後的內容，會用最多人使用的「長毛象」來稱呼牠。

長毛象正如其名，有著「毛很長」的特徵。在脊椎動物的化石中，幾乎沒有任何化石將體毛等軟組織保留下來。然而，**保存於永凍土內的長毛象[02]**卻留下了牠的體毛。

永凍土保存的動物中代表性的例子就是長毛象。生長於冰期的牠們就連腦、毛髮都有被保留下來，在「冷凍」的狀態下被發現。

不只是體毛，有不少標本甚至連骨骼、肌肉、內臟、皮膚等，都有保留下來。雖然大多數滅絕動物的

02
冷凍猛獁
「冷凍猛獁」標本其
實有很多個。這是一
個幼體猛獁標本，通
稱「YUKA」。牠的皮
膚、毛髮都有被完整保
留下來。

Photo : Mammoth
Committee of Russian
academy of sciences

03
連腦都有留下來
永凍土厲害的地方在
於，連腦都保留了下
來。左圖是覆蓋YUKA
的腦的筋膜，右圖則是
剝開之後所看到的腦。

Photo : Kharlamova et al.
2014

身體組成都已經無從得知，但是我們卻相當瞭解長毛象的身
體組成。

　　舉例來說，長毛象與現生象類一樣，都有很長的鼻子。
與現生象類相比，長毛象鼻子尖端的下緣寬度較大，上緣則
呈突起狀。其他特徵還包括，長毛象的耳朵比現生象類小，
屁股上有可以蓋住肛門的「瓣膜」。這些鼻子、耳朵、肛門
的瓣膜等，原本都是不容易形成化石的部位，就算發現了保
存得非常完整的全身骨骼，也很難從骨頭想像出這些特徵。

　　順帶一提，毛很長、耳朵很小、肛門可以蓋住等特徵，

都可以解釋為避免體溫散失所演化出來的特徵。由此可知，長毛象確實是生長於寒冷時代、寒冷區域的動物。我們之所以能知道這些事，就是因為牠們的身體「整個」都變成化石了。

2010年於俄羅斯聯邦薩哈共和國的尤卡吉爾，發現了一個通稱為「YUKA」的長毛象標本，這個標本甚至**連腦都有被保留下來**[03]。在日本舉辦的特別展覽「YUKA」的說明手冊中提到，和一般內臟組織相比，腦組織特別容易腐爛，故能成為化石可說是相當難得的事。

在發現YUKA的地區內，還發現了馬（*Equus* sp.）、西伯利亞野牛（*Bison priscus*）的**冷凍化石**[04]。2014年俄羅斯科學院西伯利亞部門的Gennady G. Boeskorov發表了這些標本。雖然馬的標本只保留了頭部和後半身，但保存狀況十分良好。西伯利亞野牛則幾乎保留了完整的個體，以「將腳收在腹部下方，呈『睡眠姿勢』」的狀態被發現。Boeskorov認為，這個姿勢代表這隻西伯利亞野牛是在自然死亡的狀態下被保留下來的。

連「最後的晚餐」都會留下

YUKA並不是一隻非常特別的冷凍猛獁象。20世紀初，人們在薩哈共和國別列佐夫卡河的河岸邊，同樣發現了一隻冷凍猛獁象，通稱為**別列佐夫卡猛獁**[05]，這個猛獁化石因為全身都被保存得很好而著名。牠的頭蓋骨的皮肉被掀掉，不過其他部位的皮與肉都保存得非常好，甚至連舌頭和陰莖都有留下。這種器官幾乎都被保留下來的化石，真的非常珍貴。

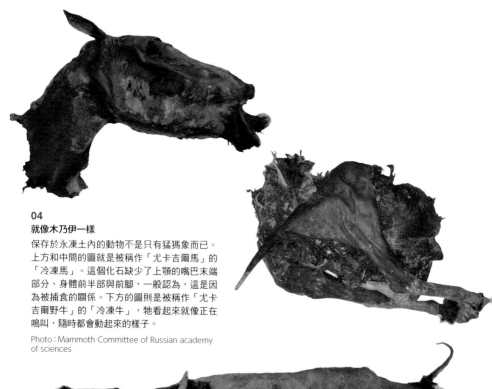

04
就像木乃伊一樣
保存於永凍土內的動物不是只有猛獁象而已。
上方和中間的圖就是被稱作「尤卡吉爾馬」的
「冷凍馬」。這個化石缺少了上顎的嘴巴末端
部分、身體前半部與前腳，一般認為，這是因
為被捕食的關係。下方的圖則是被稱作「尤卡
吉爾野牛」的「冷凍牛」，牠看起來就像正在
鳴叫，隨時都會動起來的樣子。

Photo：Mammoth Committee of Russian academy
of sciences

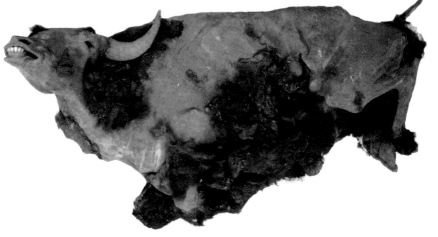

　　而且，別列佐夫卡猛獁的上下齒間留有植物殘渣。這恐
怕是牠死亡的時候正在嚼的食物。……想到這裡，不由得讓
人有些鼻酸。美國阿拉斯加大學的 R. Dale Guthrie 在他所

05
別列佐夫卡猛獁
冷凍猛獁象的代表性個
體之一。皮被掀掉的頭
蓋骨相當引人注目，不
過周圍的皮膚與四肢都
相當完整，甚至還留下
了生殖器。

Photo：Mammoth
Committee of Russian
academy of sciences

寫的《Frozen Fauna of the Mammoth Steppe》中指出，這是毛茛屬的花，是一種溫帶植物。這個化石讓我們知道了長毛象的食物，以及牠當時的棲地有哪些植物，可說是很大的收穫。

　　研究人員也確認了別列佐夫卡猛獁胃的內容物。能夠看到牙齒和牙齒間的「最後晚餐」是很珍貴的事，不過在冷凍猛獁的胃裡找到食物，就不是那麼稀奇的例子了。

　　大英自然博物館的Adrian Lister等人所著的《Mammoths: Giants of the Ice Age》中提到，牠胃的內容物大多都是「禾本科的草」，也包括了各式各樣的草本植物。而流經薩哈共和國的桑德林河的河岸，也發現了冷凍猛獁的標本，通稱為「桑德林猛獁」，其胃的內容物有9成是草，另外還包括了柳樹、樺樹等樹木的樹芽。由這些例子可以得知，長毛象的主食應該是草沒錯。

　　能夠確定草食的古生物是以什麼植物為主食，實在是件

非常難得的事。事實上，除了「草食」之外，還能瞭解進一步資訊的例子本來就不多。變成化石的草食性動物，牠們的主食究竟是蕨類植物、裸子植物，還是被子植物？是吃它們的根、莖、樹皮、葉、花，還是果實呢？一般來說，我們對古生物的食性不會瞭解得那麼詳細。由此可以看出，別列佐夫卡猛獁和桑德林猛獁所留下的資訊有多麼珍貴。

而且，胃的內容物不僅告訴我們該動物最後吃的晚餐是什麼，如果胃裡面是植物的話，還可以由現代資料推測「該動物是在什麼季節吃下去的（也就是死亡的季節）」。就拿前面的例子來說，別列佐夫卡猛獁被認為是在夏末死亡，桑德林猛獁則被認為在夏初時死亡。

參考這些「經驗」，如果想將「最後的晚餐」以化石的形式保留下來，請盡可能吃「當季食物」。現代有許多食物一整年不論何時都吃得到，這對後世的研究人員來說可能會有些麻煩。為了讓他們能夠確認是「在什麼時候死亡的」，請盡可能選擇特定季節的蔬菜和水果。

長期保存於冷凍庫的燉肉

在永凍土內「捕獲」的動物，可以想像成是被「冰凍」起來的化石。不過「冰凍」也只是一個方便理解的說法而已，事實上，動物並非被一整塊冰覆蓋住，在遺骸周圍的其實是冰點以下的冷凍土壤。

而所有在永凍土內發現的化石，都有一個共通特徵。只要稍微觀察一下剛才介紹的YUKA，或者是其他冷凍猛獁象的幼體，**帝瑪**[06]或**柳芭**[07]，應該就可以注意到了。牠們的外表都萎縮得很嚴重，看起來乾乾的，肌膚絕對不會是很有

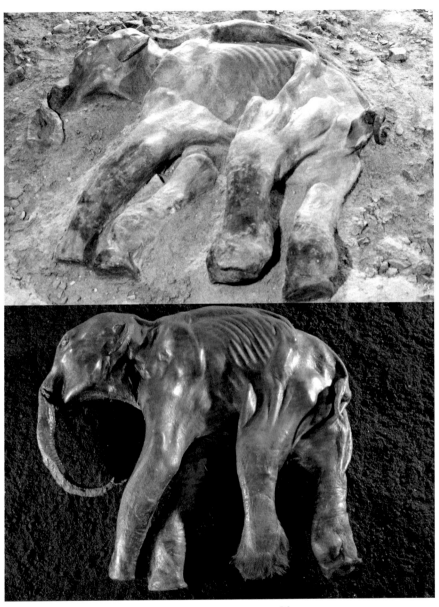

光澤的樣子，這就是被永凍土所保存的化石。

根據《Frozen Fauna of the Mammoth Steppe》所述，這和長期放在冷凍庫內的燉肉

06
帝瑪

冷凍猛瑪的代表性個體之一。幼體，全身保存良好且乾燥，肋骨略為浮現。上方為剛發現時的樣子，下方為挖出來後的樣子。

Photo：(上) Sputnik / amanaimages　(下)
Thomas Ernsting / laif / amanaimages

07
柳芭

冷凍猛瑪的代表性個體之一。幼體，雖然乾燥的程度不像帝瑪那麼嚴重，但也可看出牠的表皮比一般的動物乾燥。

Photo：Sputnik /
amanaimages

很像。剛把燉肉放入冷凍庫時，會些微地膨脹起來。不過如果長時間放在冷凍庫，燉肉就會開始出現脫水現象，體積將逐漸縮小（可惜的是，筆者自宅的冷凍庫空間不夠大，沒辦法讓我驗證，所以無法確認這是不是真的）。永凍土內也會發生同樣的事。

　　冷凍後脫水的燉肉，和用「冷凍乾燥法」加工過的食物有些類似。這樣的食物雖然看起來乾乾的，不過在加入熱水後就會恢復原貌。

冷凍乾燥法是將冷凍的食物放在低溫、真空的狀態下，使水分瞬間昇華成氣體，藉此讓食物變乾燥的技術。基本上，昇華的溫度取決於氣壓，氣壓愈低，冰就愈容易昇華。學校所教的「水會在100℃時沸騰，變為水蒸氣」的知識，僅適用於海拔0m附近的氣壓。在真空狀態，也就是氣壓接近零的狀態下，水或冰在很低的溫度也能夠馬上沸騰或昇華。

　　用冷凍乾燥法所製成的食品，原本水存在的空間會留下孔洞，所以在注入熱水時，這些孔洞會重新被水填滿，使食物瞬間恢復原本的狀態。由於沒有將食物高溫加熱，食物的味道、口感、色彩、營養價值都不大會改變，可說是保存食物的重要方法。目前市面上有許多用冷凍乾燥法製成的商品，除了燉肉之外，像是味噌湯、粥，以至於太空人吃的冰淇淋，都可以用冷凍乾燥法製作。

　　不過，在永凍土內變成化石的動物們，和冷凍乾燥法所製成的食物有一個很大的不同點。雖然永凍土內動物的「脫水現象」，和冷凍庫內長期保存之燉肉的脫水現象似乎很像，但永凍土內的動物在脫水之後，原本水存在的空間並不會留下孔洞。因此就算浸泡熱水也不會恢復原狀，這點要特別注意。

　　2012年美國密西根大學的Daniel C. Fisher所發表的論文指出，永凍土所保存的猛瑪化石即使有留下肌肉，肌肉也和骨頭呈現彼此分離的狀態。牙齒也一樣，齒根和齒槽相連的部分消失了，使得拔起牙齒變得相當容易。這是生物脫水萎縮過程時所發生的變化。由此可之，這種化石並不像冷凍乾燥法能夠「再生」。另外，Fisher等人亦指出，肌肉與骨頭分離的原因，可能是細菌所造成的膠原蛋白變質。

因此，若想藉由永凍土的冰凍效果來保存化石的話，就必須有「會以全身萎縮的樣子被保存、被發現（可能還會被展示出來）」的心理準備。如果你以為「冰凍」的狀態下可以看起來既年輕又美麗，而選擇這個方法變成化石……那就慘了。化石的皮膚看起來會滿是皺紋。

要是沒有全身都被埋住的話就糟了

如同前述，永凍土留下來的化石，大多都有保留軟組織和骨頭。不過，這種環境所產生的化石仍有其缺點，那就是所謂的「完整體」其實非常少。以長毛象為代表的永凍土「冷凍化石」，多半會缺少身體的一部分，甚至可能缺少身體的大部分。

那麼，為什麼只能保留部分的身體呢？

基本上，如果希望被保存在永凍土裡，就必須讓身體埋進永凍土內才行。在《Frozen Fauna of the Mammoth Steppe》中，說明了形成永凍土化石的步驟。首先，永凍土的表層在夏季時稍微融解了一些，這時動物不小心踏進這塊土地裡，然後漸漸往下沉。最後，動物沉到土地的深處，冬天到來時會整個凍結起來，之後便一直被「保管」在永凍土內了。

不過，如果個體太大的話，就不一定能將全身都埋入永凍土內。在不少案例中，動物的頭或身體的一部分無法即時埋入地底下，而留在地表。

這麼一來，剛好便宜了掠食者。對於狼或狐狸等身體比較輕，不容易陷入地底的動物來說，這是個可以輕鬆捕食大型動物的好時機。於是大型動物就在失去部分身體的狀態下被保存了下來。

冷凍化石之所以「不完全」的理由

1

要是屍體只被埋了一半

2

在無法移動的情況下，一部分的
身體成為掠食者的食物

3

在那之後被永凍土埋住

4

成為化石

　　發現時的狀況也是個問題。人們之所以能發現永凍土內
的化石，通常是因為河川或海浪侵蝕永凍土的河岸或海岸，
化石才能露出來。至今所找到的「冷凍化石」，大多都是在
河岸或海岸發現的，自然，標本在被發現時就已經因為河川
或海浪而有些許損傷。要是發現的時間太晚，可能連從永凍
土露出的部分身體都會被海浪帶走。

如果想要在永凍土內變成化石的話，一定要確實地被埋在永凍土的深處。至於被發現的時機，就只能交由上天來決定了。

最大的敵人是暖化

即使有一些困難需要克服，但只要能夠接受皮膚會萎縮變乾的話，保存在永凍土內也不失為一個相當適合形成化石的方法。

許多化石產地出產的化石，只保存了脊椎動物的骨頭或牙齒等硬組織。另外也有一些化石只保存了生物的表皮、內臟、肌肉等軟組織。然而，卻幾乎沒有化石能同時保留硬組織與軟組織。

不過，如果是永凍土的話，就有很高的機率可以同時保存這兩者。

事實上，冷凍猛獁除了體毛和肌肉之外，包括腦、胃等內臟，甚至連骨頭都有被保存下來。而且，即使骨頭的顏色會受到周圍堆積物的影響而改變，至少體毛的顏色應該不會有太大的變化。如果想要成為永凍土化石，並想在數千年、數萬年後被發現的話……雖然身體多少會有些脫水現象，但全身、甚至連身上穿的衣服都能變成化石保留下來，說不定連頭髮的顏色都不會改變。若後世的研究者看到這樣的你，一定會雀躍不已吧。

不過，想藉由永凍土「長期保存」化石，有一點比較讓人擔心。

日本海洋研究開發機構（JAMSTEC）在2008年的調查中指出，永凍土層的夏季融解量有增加的趨勢。在全球暖化

的影響下，永凍土正在持續融解中。融出來的水會增加河川的水量，加速河川對河岸永凍土層的侵蝕。

特展「YUKA」的說明手冊中寫道，永凍土的加速融解是一件好事，應該有助於今後的人們發現更多冷凍猛瑪的化石。

確實，在暖化的影響下，人們將能發現愈來愈多過去保存於永凍土中的化石。但對於想在未來成為化石的人來說，應該是個不能放著不管的情況吧。好不容易被埋進永凍土內，卻不曉得這個地方能保持「凍土」的狀態多久、夠不夠撐到遺骸變成化石並被人發現。別說是被數百萬年後的人類（或者是其他智慧生命體）發現，可能還來不及變成「化石」，在數十年內就以「遺體」的形式被人發現。因此，透過這個方式形成化石最大的敵人就是暖化。如果想埋在永凍土內成為化石，就必須充分研究未來的氣候會如何變化，調查「埋在哪裡的永凍土中，才能撐過一段很長的時間不會被融解出來」才行。

永凍土可以把硬組織、軟組織都保留下來。如果不在乎身體萎縮變乾的話，這會是一種變成化石的理想方式……應該吧。

濕地遺體篇

4

～恰到好處的「醋漬」～

就像不久前才死去一樣

　　想要保持目前的姿態變成化石，想要留下緊緻的皮膚和毛髮，不想只剩下骨頭，也不想在永凍土內被發現、讓人看到乾燥萎縮的身體（參考永凍土篇 (P.46~)）。如果你是這樣想的話，倒是有一個方案。

　　要先說明的是，這個方法就「經驗」上來說，保存能力弱了一些。永凍土篇所介紹的「冷凍化石」約為1萬年前的東西，相對來說已屬於年代很新的化石。然而本章所要介紹的化石，年代又更新了，最古老的頂多也只是2400年前而已。因此，我們無法確定這樣的化石是否能夠保存到數萬年以後。

　　雖說如此，這種方法還是頗有價值的。如果可以妥善處理的話，表情和頭髮都能夠保存下來，甚至連皮膚的緊緻感也可能被保留下來。

　　首先，讓我們來說明這種化石的發現史吧！

　　這是發生在西元1950年的事情。丹麥的別爾斯科（Bjældskovdal）溪谷的圖倫濕地內，兩個作業員在挖掘火爐用的燃料時，從泥炭中挖掘出一具遺體。

　　那一瞬間，泥炭中突然出現了一張人類的臉。

　　眼睛閉上的男性。

　　不會動。

已死亡。

從來沒見過真正遺體的作業員們驚覺「會不會是殺人事件？」，於是報警處理。

經調查後，推估這具遺體應為30歲左右的男性。但讓人驚訝的是，他的死亡時間居然是西元前375年左右。也就是說，這是一具屍蠟化後的古人遺體。

在圖倫濕地發現的這具遺體，一般被稱作**圖倫男子**（**Tollund Man**）[01]。

事實上，丹麥、德國北部、愛爾蘭等區域的泥炭濕地，本來就偶爾會找到這樣的「化石」，這在1950年左右時已是眾人皆知。這些標本又被稱作「濕地遺體（Bog People或者是Bog Bodies）」。2007年9月號《國家地理雜誌》的特輯報導中提到，目前發現的濕地遺體已多達數百具。其中，前面提到的圖倫男子便是「最有名的濕地遺體」。警察開始調查後，很快就照會了博物館人員請求協助，而博物館人員接手後，便以學術性、組織性的方式進行挖掘、調查和研究。

1964年出版的《甦醒的古代人》（P. V. Glob著）一書中，就有關於圖倫男子的詳細介紹。讓我們一起來看看該書的敘述吧！

圖倫男子縮起手肘和膝蓋，用像是胎兒般的姿勢橫躺在2.5m深的泥炭底部。身上只穿戴著皮革做的帽子和皮帶，除此之外找不到任何稱得上是衣物的東西。

頭部沒有損傷，口腔內還留有智齒。頭髮整齊地剃成約4～5 cm長。鬍子整體而言刮得很乾淨，不過靠近上唇的上顎部分可以看到部分雜鬍，或許只是沒有刮乾淨而已，也可能是新長出來的。無論如何，從他最後一次刮鬍子到死亡，應該沒有過多久才對。**他輕輕閉上眼瞼的表情**[02]，看起來相

當安詳。

　　與保存良好的頭部相比，其他部位則有程度不一的損傷。膝蓋的骨頭穿過了皮膚突出於外，腹部也有一些皺紋。

不過我們很難斷定這是在生前就有的狀況，還是死後才被沉重的泥炭壓成這個樣子。

解剖之後發現，他的消化器官內有大麥、亞

01
最有名的濕地遺體
名為「圖倫男子」的濕地遺體標本。看起來像剛死亡沒多久的樣子，但其實是近2400年前的遺體。仔細看會發現，有些地方還露出了骨頭。

Photo：Arne Mikkelsen /
MUSEUM SILKEBORG

02
安詳的表情

就像是沉睡在春天的暖
陽下般安詳。連細微的
皺紋和鬍子等細節都保
存了下來。

Photo：Arne Mikkelsen /
MUSEUM SILKEBORG

麻、亞麻薺、水蓼等植物，以及加有數種雜草的粥，不過沒
有吃肉類的痕跡。從消化狀況的分析結果看來，死亡時間應
該與最後一餐相差半天至 1 天左右。

　　詭異的是，圖倫男子的脖子被一條很長的皮繩套住。如
果你對這個男性是在什麼樣的情況下死亡有興趣的話，可以
試著閱讀《甦醒的古代人》這本書，或者是本書書末列出的
參考文獻。

　　再介紹一具濕地遺體吧！這是1952年在圖倫濕地附近
的另一個濕地內發現的濕地遺體，以附近的村落名稱命名為
格勞巴勒男子（Grauballe Man）[03]。

　　格勞巴勒男子，被認為是一位在西元前400年到西元前
200年之間去世的男性。與圖倫男子相同，他幾乎全身都被

03
苦悶的表情
一具連細部表情都一清
二楚的濕地遺體，「格
勞巴勒男子」。是超過
2200年以前的遺體。

Photo : Robert Harding
Images / Masterfi /
amanaimages

保留下來。不過和表情安詳的圖倫男子不同，滿臉苦悶的表
情是格勞巴勒男子的一大特徵。

　　讓我們來看看《甦醒的古代人》一書中是如何介紹格勞
巴勒男子的吧！整體而言，他的**身體呈現扭曲的姿勢**[04]，這
個姿勢顯示出他的苦悶。頭頂與頭的左側還留有頭髮，長度
約15cm左右。頭髮顏色看起來是紅褐色，但經檢查後發現
原本應該是黑色才對。沒有眉毛。鼻子下方有數根鬍子，下
巴也有短短的鬍子。

　　他的手腳「保存狀況出乎意料地好」。從照片看起來，
確實稍微有點瘦，但就算說那是「活人的手腳」也沒有什麼
奇怪的。他的**手**[05]看起來像是要抓住什麼東西一樣，腳則像
是要跨出步伐。手腳末端都還有指紋。

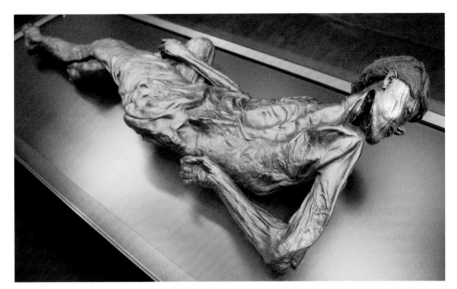

04
扭曲的身體

格勞巴勒男子全身的樣
子。不僅身體扭曲，皮
膚和骨頭似乎也很緊
繃，給人痛苦的感覺。
這個姿勢是否表示他死
亡時很痛苦呢？

Photo：Robert Harding
Images / Masterfi /
amanaimages

　　除了表情之外，格勞巴勒男子與圖倫男子有個決定性的
差別，那就是格勞巴勒男子從雙耳到喉頭的地方有一個橫切
過食道的傷口。這似乎就是死因。雖然不曉得為什麼會有這
個傷口，但一般認為……他應該是被殺害的。然而，2007
年9月號的《國家地理雜誌》指出，這個傷口也有可能是
「死後受的傷」，而非「生前受的傷」。

　　圖倫男子與格勞巴勒男子兩個人都被埋在泥炭裡面，皮
膚變得全黑，但整體的保存狀態讓人覺得「好像剛才還活
著」一樣。不曉得這和你想像中的「化石」，是不是有一些
不一樣呢？

05
連指甲都很清楚
格勞巴勒男子的右手。
完整留下了指甲,連指
紋都很清楚。實在很難
想像它是2200年以上
的遺體。

Photo：Robert Harding
Images / Masterfi /
amanaimages

雖然有留下腦……

其他還有好幾個相當有趣的濕地遺體。

1952年,人們在德國北部溫德比農莊的某個濕地,發現了男女遺體各1具。與圖倫男子的案例相似,一開始也被認為與當時的犯罪案件有關,引起了警界不小的騷動。在確定它們是濕地遺體之後,便送到博物館進行研究。

這對男女的遺體中,體型瘦小的女性遺體特別引人注目。她的年紀約為13～14歲,臉朝右側橫躺著,右手放在右胸上。整體而言,皮膚仍帶著緊緻感,然而胸部卻因為某些理由而缺少軟組織,只剩下肋骨。詭異的是,她戴著一個毛線編成的眼罩。另外,身體附近還有棒狀木頭和石頭,這些東西或許可以解釋成是為了讓她的身體沉入濕地而準備的。這個濕地遺體被稱作**溫德比少女**[06],之後的研究指出,

06
溫德比少女（？）
胸部有缺損，可以看見
肋骨，但其他部分保存
得很好，可以感覺到皮
膚的緊緻感。

Photo：Schleswig-
Holsteinische
Landesmuseen Schloss
Gottorf

這是西元前1世紀左右的遺體。

　　人們從各種文獻資料中判斷，這個少女應該是犯了通姦
罪，經審判後被投入濕地沉下。一起被發現的男性濕地遺體
則被認為是通姦的對象。聽起來似乎有幾分真實感。

　　不過，根據2007年9月號的《國家地理雜誌》的說
法，事情似乎不是這樣。之後的研究發現，男性濕地遺體的
死亡時間比溫德比少女還早了300年左右。而且有人指出，
溫德比少女可能其實是「少年」。

　　究竟是少年還是少女？又為什麼要戴上眼罩呢？溫德比
少女的身上還有許多疑點，不過這部分就交給考古學的書籍
和刊物來說明吧。在我執筆本書的時候，日本還沒有多少書
籍提到這個例子，但因為這是一個很有魅力的「題材」，想
必不久之後，就會有專家跳出來認真地說明了吧。在以想成

為化石為主題的本書中，我想把重點放在遺體的保存狀況上
就好。

　　溫德比少女的皮膚有緊緻感，除了胸部的缺損之外，其
餘部分幾乎都被完整保留了下來。X光分析的結果亦顯示腦
的保存狀況十分良好，解剖結果也證明了這一點。

　　但是，「她」的頭部卻缺少了某樣應該要有的東西。

　　那就是骨頭。

　　腦[07]的保存狀況相當良好，皺褶和腦溝都一清二楚。然
而，保護腦的頭蓋骨卻消失了。剝開頭皮以後，底下就直接
是腦。

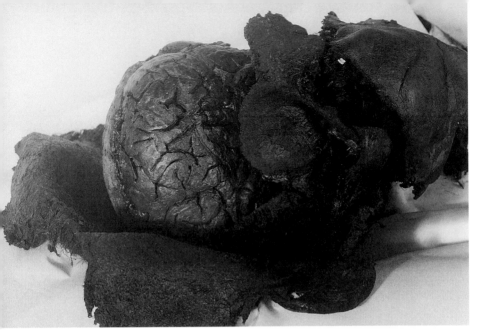

07
剝開頭皮之後……

剝開溫德比少女（？）
的頭皮之後，底下就是
腦了。看來頭蓋骨應該
是被溶掉了。

Photo：Schleswig-
Holsteinische
Landesmuseen Schloss
Gottorf

好像用醋醃漬的蛋

　　這些濕地遺體之所以可以保存得這麼好，是因為地理條件，以及濕地特有的環境條件。我參考了前面提過的《甦醒的古代人》、《國家地理雜誌》，和Bryony Coles與John Coles合著的《低濕地的考古學》，以及希爾克堡博物館所管理之網站的內容，將各方資訊整理如下。

　　丹麥與德國北部等，發現了許多濕地遺體的地區，基本上都很冷。遺體沉下去的時候，濕地的水溫很低，應該在4℃以下，與現代的一般冰箱冷藏庫相近。Panasonic網站的「常見問題」解答中提到，冷藏室的溫度為3～6℃，保鮮室（chilled room）的溫度為0～2℃。雖然不會結凍，但溫度相當低。這個條件可停止微生物的活動，若微生物停止活動，軟組織便不會被分解。

　　另外，在濕地遺體落入濕地的年代，濕地內的水蘚應該

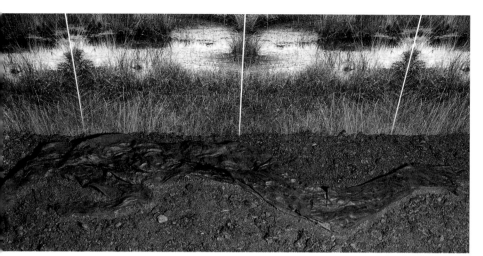

08
就像皮囊一樣
這是在達門多夫濕地所
發現，只留下皮膚、頭
髮、指甲的濕地遺體。
是「在強酸環境之下，
骨頭全被溶掉了」的典
型例子。

Photo：Schleswig-
Holsteinische
Landesmuseen Schloss
Gottorf

相當茂盛。將濕地遺體埋起來的泥炭，就是由水蘚變化而
來。這類蘚苔是形成濕地遺體所必要的東西。

　　水蘚可以製造出大量的單寧。單寧是製作鞣革時所使
用的水溶性化合物。「鞣」這個字的意思，就是將乾燥、堅
硬，放著不管的話就會自行腐敗分解的動物皮，經由某些藥
物處理，降低其劣化的速度，製成所謂的「革」。而在濕地
遺體的情況中，單寧正好能像製作鞣革時那樣，保護遺體的
表面。濕地遺體的肌膚之所以能看起來很緊緻，也和這裡所
講的單寧有很大的關係。

　　而在水蘚轉變成泥炭的時候，會釋放出名為胡敏酸（腐
植酸）的酸性物質。被沉積於泥炭內的胡敏酸包覆住的遺
骸，就相當於保存於酸性環境中。適當的酸性環境可以抑制
微生物的活動，故有助於長期保存。

　　然而，在酸性環境下，鈣離子會被溶解出來。這可以讓
我們聯想到格勞巴勒男子的骨頭也流失了不少鈣質，以及溫

德比少女消失的頭蓋骨。

失去骨頭的濕地遺體[08]有一個極端的例子，那是在德國的達門多夫所發現的遺體。這個遺體只留下了轉變成鞣革的皮膚、頭髮、指甲，其他部分包括內臟、骨頭等，都完全消失了。推測應該是強酸將這些東西都溶解掉了。於是，遺體看起來就像個皮囊一樣。

一般來說，生物遺骸在變為化石時，只能在保存軟組織和保存硬組織之間擇一。在適合留下軟組織的環境下，就不容易保存硬組織；在適合留下硬組織的環境下，就不容易保存軟組織。這是因為軟組織容易被鹼性環境分解，而硬組織則容易被酸性環境分解。反過來說，鹼性環境下較適合保存硬組織，酸性環境下較適合保存軟組織。

關於酸性環境下適合保存軟組織這一點，其實在自宅內就可以用簡單的實驗來證明。在容器內倒入醋，然後將帶殼的生蛋放入容器中醃漬即可。過十多個小時以後，將容器內的醋換新，再過十多個小時，我們就可以得到一顆沒有殼的生蛋。

筆者在國中時曾經做過這個實驗，不過醋的味道實在太濃，做這個實驗時一定要注意通風。可以參考《來做個軟QQ的蛋吧》（左卷健男著）所提到的方法，也可以在網路上搜尋詳細的製作方法，或許這可以作為小孩子們的自由研究題目。

讓我們把以上內容整理一下吧！若想以濕地遺體的形式變成化石的話，在某些情況下，可能會變成像達門多夫濕地遺體那樣，只剩下一張袋狀的皮。另一方面，如果酸性程度「剛剛好」的話，就很有可能像圖倫男子那樣，硬組織、軟組織都保留下來。假如你認為「就算變成一個袋子也沒關

在酸性環境下，硬組織會被溶解，只留下軟組織。我們可以在自宅內用簡單的實驗證明這一點。步驟可參考《來做個軟QQ的蛋吧》。

係，只要能留下皮膚就好」的話，濕地遺體或許是個值得賭賭看的方法。

如何「保存」濕地遺體？

讓我們將濕地遺體之所以可以妥善保存下來的理由再整理一遍。

低溫環境下，單寧可以保護皮膚，胡敏酸可以打造出「恰到好處的酸性環境」。在這些絕妙作用的搭配下，才形成了濕地遺體。然而，當濕地遺體被挖掘出來、露出泥炭之外時，便離開了這樣的環境，這很有可能會造成濕地遺體的腐敗、損壞。

1950年發現圖倫男子時，研究人員們花了相當大的心力在研究如何保存這具濕地遺體。那時候還沒有一個確定的

方法能夠用來保存人類大小的濕地遺體。

　　當時研究人員們採用的是「就算只有頭，也要把它好好保存下來」的方針。《甦醒的古代人》中提到，研究人員將圖倫男子的頭部與軀幹切離，並用福馬林、酒精、甲苯、石蠟等物質處理，後來還用了蠟。經過了1年以上的處理過程，終於將圖倫男子的頭部輪廓與容貌「完全保留了下來」。不過，「外觀卻比原來的樣子縮小了12%」。

　　而1952年發現格勞巴勒男子時，則是從一開始就確定了「盡可能維持發現當時的姿態，保留他的全身樣貌」的方針，並由專家Lange-Kornbak進行修復的指揮工作。

　　經解剖調查後，發現格勞巴勒男子的單寧「鞣革化」並不完全。因此Kornbak便設法促進「鞣革化」，提升皮膚的保存能力。他們準備了大量含單寧的櫟樹樹液與樹皮，並將這些東西塞進格勞巴勒男子的體內，就像是在製作剝製標本時塞入棉花一樣。用來存放格勞巴勒男子的箱子也以櫟樹製成。固定箱子時，用的是不會與單寧起反應的金屬鉸鏈，將箱子外側徹底固定住。

　　經過1個月以上，用了各式各樣的方法後，終於完成了保存處理工作。和保存處理之前的石膏模型相比，處理後的格勞巴勒男子幾乎沒有任何損傷，沒有變形、也沒有縮小，讓人鬆了口氣。

　　雖說如此，保存處理工作仍然是件相當麻煩的事。濕地遺體在被挖掘出來之後，需要耗費大量的人事、經濟成本來維持。

　　當然，距離發現格勞巴勒男子的時代已經過了半世紀以上了，如果是現在的話，應該有更好的技術來保存濕地遺體才對。若想以濕地遺體的形式成為化石，未來在被發現的時

候，或許又有更進步的技術來保存化石也說不定。

　　不過，究竟那時候的技術，是不是真的適用於你的化石，或者你所留下來的某種東西的化石呢？這個問題恐怕得到那個時候才有辦法回答了。在社會情勢的變化下，或許挪不出多餘的時間、預算、人員來進行化石的保存工作。或者，這些技術因某些原因而失傳，使得你作為化石被挖掘出來後，只能以圖倫男子那樣「縮小後的頭部」形式被保存下來。又或者，除了你以外，還發現了許多濕地遺體化石，而你的保存優先順序被排到很後面，於是在等待的期間，你的化石自然而然地分解、崩壞……。

　　如果想要以濕地遺體的形式變成化石，需要下點工夫，讓化石能在被發現的時候，盡快送去做保存處理。譬如說，身上帶著可以顯示出你的化石「很珍貴」的「某樣東西」，和你一起被埋入泥炭內，這或許是個不錯的方法。不管是哪個領域，多半都會投入資源在稀有的東西上。當然，這個東西必須能夠耐酸，所以，請盡可能避免帶著金屬類的東西。

琥珀篇

~被天然樹脂包覆住~

琥珀內的恐龍化石

琥珀，主要是指很久以前的針葉樹所流出來的天然樹脂（松脂），硬化以後所形成的化石。它的硬度為2.5，相較於一般石頭軟了一些，稍微用金屬劃過就會劃出傷痕。易於研磨與加工，有時會做成寶珠或浮雕寶石的樣子。如果想要變成化石的話，被琥珀包埋起來或許也是個不錯的選擇。這麼一來，很有可能會被後世的人們加工成寶石、飾品，當成寶物來看待。

被琥珀封住的化石中，最近有個例子，吸引了許多人的目光。

2016年的年末，中國地質大學的邢立達研究團隊發表了**被封在琥珀內的恐龍化石**[01]。這個琥珀的直徑約數 cm 大，採集自一個分布於緬甸，約9900萬年前（白堊紀中期）的地層。琥珀內有一根長有濃密短毛，約37 mm 長的「尾巴」，彎曲呈 L 字狀。

琥珀採集業者當初以為這是「植物某部分的碎片」。不過研究團隊收到這個琥珀，進一步分析之後，發現它其實是小型獸腳類（恐龍的某一類）的部分尾巴。

除了尾巴之外的部分都沒能留下來，這點確實讓人有些遺憾。不過，要是哪天找到牠的頭的話，或許就可以認出牠是哪一類的恐龍了……從這個琥珀上，可以感覺到這種「接

01
琥珀內的恐龍化石
在緬甸採集到的琥珀裡，
包埋了一段被羽毛覆蓋的
恐龍尾巴。
Photo：邢立達

下來的可能性」。

　　順帶一提，過去也曾發現過包埋了動物的「頭部」的琥珀[02]。2017年邢博士發表了另一個琥珀的研究報告。這個琥珀採集自緬甸同一個產地，裡面保存了一隻鳥類的幼雛。鳥類也是恐龍總目下屬中的一類，所以這或許也可以說是「含有恐龍化石的琥珀」。

　　這個琥珀較大，長徑不到10㎝。與前面介紹的「含有恐龍尾巴的琥珀」的差別在於，這個琥珀裡面的雜質很多，整體而言相當混濁，幾乎看不到內部情形。換言之，它作為

02

裡面好像有什麼……？

在緬甸採集到的琥珀之一。雖然含有相當多雜質，但可以看到裡面似乎有什麼東西。

Photo：邢立達

03

栩栩如生的腳

將上圖琥珀的右下部分放大所得的圖像。可以清楚看到銳利的爪，連一個個的鱗片都看得很清楚。

Photo：邢立達

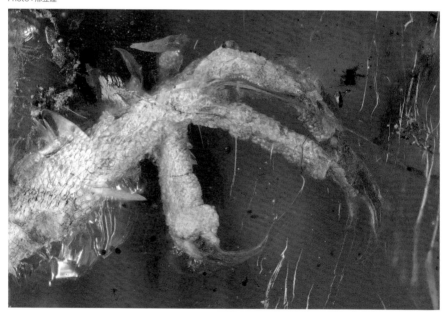

寶石、飾品的價值（恐怕）不
怎麼高。

　　從外面可以看到，琥珀內
有一個長度不滿1cm的**小小的
腳**[03]。腳分出3個腳趾，末端為
銳利的爪子。鳥爪上排列著細
緻的鱗片，活生生的樣子，一
看就知道是鳥類的腳。然而，
除此之外的身體部位，就難以
從外觀確認了。

　　若使用**電腦斷層掃瞄**[04]，便
能看到琥珀內部的鳥的頭部。

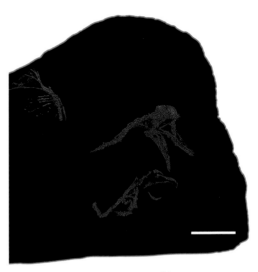

**04
在電腦斷層掃描下可以
看得更清楚！**
將左頁的琥珀拿去做電
腦斷層掃描後，可以清
楚看到鳥的頭部。連牠
的細微結構都可以看得
很清楚。
Photo：邢立達

另外，研究人員還確認到，鳥的前肢（翅膀）也有被保留下
來。由這些特徵，可以判斷出這是屬於「反鳥類」的鳥。可
惜的是，因為電腦斷層掃描會直接穿過皮膚，故無法看清楚
雛鳥的臉或表情是什麼樣子。

　　有腳、有頭，也有翅膀。但這個標本卻缺少了大部分的
軀幹，實在相當可惜。

　　那麼，為什麼會缺少軀幹呢？邢立達博士認為，這隻雛
鳥一開始可能沒有被足量的樹脂覆蓋住。在樹脂慢慢覆蓋雛
鳥的過程中，位於末端的軀幹在還沒來得及被樹脂覆蓋到之
前，就風化消失了。想藉由樹脂形成化石的話，如果沒有一
口氣被樹脂包覆起來，也可能會發生同樣的事，一定要特別
注意。

05
連爬蟲類也變成這樣
這是在波羅的海發現的琥珀，裡面殘留了一隻琥珀古蜥蜴的後半身，身上還有鱗片。

Photo：WEITSCHAT & WICHARD 2013

不管是昆蟲還是花，都能完整無缺地留下

　　說到琥珀，就不得不提波羅的海的各大琥珀產地。在這些地方發現的琥珀，大多包埋了新生代古第三紀的始新世中期，到漸新世前期（約4800萬～2800萬年前）間的各種生物。

　　讓我們來介紹其中幾種生物吧！以脊椎動物為例，草蜥類的琥珀古蜥蜴（*Succinilacerta succinea*）就是以在琥珀內被發現而著名。草蜥在日語中稱作假蛇，雖然有個「蛇」字，但其實是蜥蜴的一種。《Atlas of Plants and Animals in Baltic Amber》一書介紹了許多波羅的海附近所產的琥珀，其中包括**包埋了草蜥類尾巴與後腳的標本**[05]，以及只有後腳的標本。

06 連觸角的關節都看得一清二楚 波羅的海產的琥珀之一。小蜂類。　Photo: WEITSCHAT & WICHARD 2013

07 身體曲線也一目瞭然 波羅的海產的琥珀之一。山蟻類。　Photo: WEITSCHAT & WICHARD 2013

08 連腹部的細微構造都……　波羅的海產的琥珀之一。手擬蠍類。　Photo: WEITSCHAT & WICHARD 2013

09 複眼的水晶體也保存得很好　波羅的海產的琥珀之一。　象鼻蟲類。　Photo: WEITSCHAT & WICHARD 2013

10
**細微的結構也有清楚
的輪廓**
波羅的海所產的琥珀之
一。古蛛類。第一個被
確認的古蛛類是在琥珀
內發現的化石，後來才
發現了現生種。
Photo：WEITSCHAT &
WICHARD 2013

　　但事實上，在琥珀內發現脊椎動物是很罕見的事。包埋
了無脊椎動物的琥珀，在數量上遠勝於包埋了脊椎動物的琥
珀。像是**蜂類**[06]、**蟻類**[07]、**擬蠍類**[08]、**象鼻蟲類**[09]等，大小不
到1cm的節肢動物，皆曾在琥珀內找到。

　　這裡讓我們來介紹一下被稱作**古蛛類**[10]，有著一對狹長
螯肢的動物吧！雖然牠們和蜘蛛的親緣關係很近，但和一般
蜘蛛不同，有著類似脊椎動物的「頸部」結構。

　　波羅的海產的琥珀內所包埋的動物，大多都有親緣關係
相近的物種生存於現代，古蛛類也不例外。古蛛類的現生種
棲息於非洲的熱帶區域以及澳大利亞，因其「狩獵蜘蛛」的
獨特行為而有著「Assassin spider（刺客蜘蛛）」的別名。
古蛛的外觀與行為都很有趣，不過更特別的是古蛛的研究
史。研究人員最初是在波羅的海的琥珀內確認到古蛛這類生

11
連玫瑰都被包在琥珀裡
波羅的海產的琥珀之
一。如果把這樣的玫瑰
當作禮物送人的話，想
必任何人都會動心……
應該吧。

Photo：Wolfgang
Weitschat

物的存在，之後才發現了古蛛的現生種。在古生物研究上，
這是很少見的「歷史」。

　　與脊椎動物不同，被包埋在琥珀內的節肢動物多半完整
保留了全身。就像是「還活生生的」、拿掉琥珀之後就會馬
上開始活動的樣子。

　　而且不只是動物，琥珀裡也找得到像是**玫瑰花**[11]，或者
是**松果**[12]等植物的碎片。

12
松果
波羅的海所產的琥珀之
一。松果……琥珀裡甚
至可以找到這種東西。
Photo：WEITSCHAT &
WICHARD 2013

被琥珀包覆這回事

再重複一次，琥珀是由松脂之類的樹脂硬化而成。由英國曼徹斯特大學的 P. A. Selden 與 J. R. Nudds 在《世界化石遺產》中的說明可以知道，琥珀裡面之所以會有那麼多節肢動物，特別是昆蟲的原因，就在於琥珀「是樹脂」。想要舔舐香甜樹液而攀附在樹上的昆蟲，會被樹脂捕捉，就此保存下來。部分蜘蛛之類的掠食者想要捕捉陷在樹脂內、掙扎中的獵物，自己卻不小心跟著陷進去了。看來不管在哪個時代，不管是什麼樣的動物，都存在著「想盜走木乃伊，自己卻變成了木乃伊」（譯註：日文諺語。指想改變他人，但自己反被同化之意）的個體呢！

那麼，形成琥珀的樹脂，究竟又是由什麼樣的植物分泌

的呢？

《世界化石遺產》中提到，波羅的海的琥珀可能是由同時具有松科和南洋杉科特徵的「已滅絕裸子植物」所分泌的。「同時具有兩科植物的特徵」是什麼意思呢？

基本上，可能性最高的候選植物，就是樹脂分泌量很多的南洋杉科樹木。然而，波羅的海卻沒有發現過南洋杉科植物的化石。只有針葉樹的樹脂才會變成琥珀，如果當地曾經存在過這種樹木的話，應該會留下這種樹木的樹幹或葉子的化石才對……。

南洋杉

另一方面，波羅的海確實有找到松科植物的化石。但是松科植物的樹脂分泌量很少，至少現生種如此。若要留下那麼多的琥珀，需要非常大量的樹脂才行。由在波羅的海區域所發現的松科植物化石來看，大概很難「提供」那麼大量的樹脂。

在這樣的背景下，「折衷」的說法是「同時具有松科與南洋杉科特徵的已滅絕裸子植物」。然而實際上，我們還沒發現這種植物的化石。分泌這種樹脂的植物究竟是什麼？至今仍是個謎。這件事對於想被琥珀包埋起來、成為化石的人來說，可能是個問題。畢竟連材料都不確定，實在不太適合輕率挑戰。

松

我們並不曉得波羅的海的琥珀樹脂是由哪種植物分泌的。雖然很有可能是南洋杉科和松科的植物，但仍疑雲重重。

那麼，被封在琥珀內的生物，身體狀況和牠生前時一樣嗎？如同我們在前面所看到的，外觀看起來沒什麼問題。不過「裡面」又怎麼樣呢？

《世界化石遺產》內提到，研究人員可識別出琥珀內蜘蛛的肝臟和肌肉等組織，以及吸血性蚋類的肌肉纖維、細胞核、核醣體、粒線體等。看來琥珀的保存能力非常優異，不只是肌肉，連細胞層次的構造都能夠保留下來。

「既然保存能力那麼優異，說不定連血液內的DNA都有辦法保留下來喔！」想必有很多讀者會想到這一點吧，甚至可能幻想重現《侏儸紀公園》的情節。這部電影是在講述研究人員從存活於恐龍時代、現在則被包埋於琥珀內的蚊子體內抽出「恐龍的血」，再利用血液內的DNA製作出恐龍複製體的故事。

　然而，澳大利亞梅鐸大學的Morten E. Allentoft等人，在2012年的報告中指出，每經過521年，會有一半的DNA「損毀」。雖然損毀速度需取決於氣溫與保存環境，但如果DNA復原技術還不夠先進、又沒用特殊方式保存的話，要把DNA留到數萬年、數十萬年以後，其實是件很困難的事情。

　先不管DNA，琥珀可以讓你的外表維持生存時的樣子，內部也可以在細胞層次上維持原樣。「這個方法太完美了！」或許你會這麼想吧？但是要特別提醒一件事，那就是「身體不可能完全保持原來的樣子」。與琥珀接觸的表皮部分雖然可以保持原樣，但身體內部會因為脫水而縮小30%左右。嗯，既然外表能夠完美地保留下來，那麼「內臟間的空隙稍微變大一些」應該也沒什麼關係吧。不過，縮小30%的話，其實會讓身體內部變得蠻空曠的就是了。

　另外要注意的，是琥珀內可能還含有其他物質。即使化石本身保存良好，但在琥珀的裂痕與雜質的影響下，常讓人無法確認化石的細節。事實上，如果沒有用電腦斷層掃瞄來看P.78所介紹的白堊紀鳥類化石的話，也不曉得牠的頭部有被保留下來。包進樹脂的時候，還要多注意有哪些東西一起被埋了進去！

　另外，某些琥珀內的遺骸會被一層小小的氣泡覆蓋，這

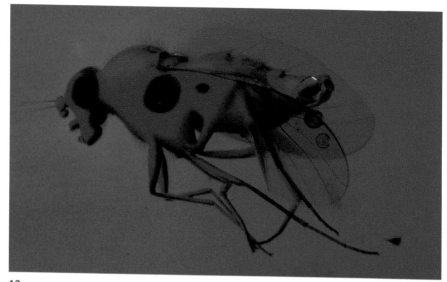

13
啊，是乳狀物
波羅的海產的琥珀之一。昆蟲表面被白色乳狀物覆蓋著。

Photo：Wolfgang Weitschat

層氣泡又被稱作**乳狀物**[13]。由《世界化石遺產》的介紹可以得知，這層氣泡似乎是由遺骸散發出來的溼氣與樹脂反應後所形成的。樹脂的來源不同，產生乳狀物的機率似乎也不大一樣，其中，波羅的海產的琥珀特別容易出現這種乳狀物的樣子。也就是說，若想變成琥珀化石，請避免使用可能是「波羅的海琥珀樹脂來源」的松科或南洋杉科的樹脂。

除了乳狀物的問題之外，形成琥珀時的硬度、透明感等，也是選擇所使用樹脂時必須考慮的事情。而且最大的問題，其實是樹脂的量。舉例來說，要把人類那麼大的動物包埋起來的話，以自然流出的樹脂量而言，絕對是壓倒性地不足。

寶石飾品市場上流通的琥珀，通常都有經過研磨，將各個稜角磨平，成為圓滑狀的樣子。但事實上，琥珀的「原始形狀」相當多樣，有些從樹枝垂下呈水滴狀，有些形成於樹

木內部的空隙而呈不規則狀，有些則覆蓋在樹皮表面呈平面狀。不管是哪一種，體積都不算大。如果和埋藏著冷凍猛獁的永凍土層，或者是保存著濕地遺體的泥炭層相比，琥珀可容納的空間遠遜於上述兩者。琥珀內的化石之所以會以節肢動物等小型動物為主，就是這個原因。

本書所介紹的琥珀標本都不怎麼大。P.78列出的雛鳥標本已經是「相當大」的例子。由《Atlas of Plants and Animals in Baltic Amber》介紹的資訊可以得知，目前發現的最大標本僅不到1kg。看來，要保存像人類一樣大的標本應該是不太可能辦得到的。

說得現實點，琥珀大概只能保存小動物等級的化石。若想成為「漂亮的化石」，放入琥珀可能是最適合的方法，但大概沒辦法把人的整個身體都塞進去吧。當然，如果蒐集數棵、數十棵樹的樹脂（松脂）的話，或許能夠把人類大小的身體包埋起來。但像這樣耗費大量人力的東西，真的可以稱作「化石」嗎？這大概又會引起一番議論吧。

另一方面，如果體積夠小的話，不管是軟組織還是硬組織，都有辦法在保留外型的情況下漂亮地保存下來。考量到可能會產生乳狀物，最好將不會產生氣體的無機物質放入樹脂內。若想將婚戒等紀念物，或者是智慧型手機等電子器材完整地流傳下去的話，琥珀化石或許是個理想的方法。既然裡面放的是無機物，也不用擔心內部會縮小。

太大的東西不適合用琥珀保留下來，建議你將戒指或智慧型手機等「小物」放入琥珀內，使其形成化石。雖然不曉得電子產品在變成化石之後，裡面的資料會不會留下來……。

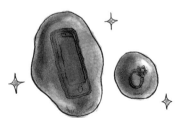

我也能變成化石嗎？

6 火山灰篇

～只留下鑄模～

羅馬時代的「案例」

「是不需要像濕地遺體或琥珀內的化石那樣，把每個細節都保留下來啦（參考濕地遺體篇 (p.60~) 和琥珀篇 (p.76~)）。該怎麼說呢，只要把身體的大致輪廓都留下來就可以了。」

如果你也有這種有些曖昧又有些嚴苛的要求，可以考慮試試看「被高溫火山灰包裹住」的方法。在入門篇 (p.10~) 中，我們曾經提到「要想變成化石，就絕對不能用火葬」的原則，不過火山灰例外。若選擇這種方法的話，不會留下皮膚、肌肉、內臟等軟組織，骨頭的話……可能會留下。不過這種方法最大的特徵在於，可以留下人生最後瞬間的「大致輪廓」。若注入石膏之類的東西，就可以得到像是雕像般的原本外型。

「被火山灰包埋的人類化石」，它的歷史並沒有很久。其中，就屬西元79年的「案例」最廣為人知。

那就是龐貝城。

這是過去曾存在於義大利南部拿坡里灣沿岸的城市。建設於西元前8世紀以前，在羅馬帝國時代是貴族們的休憩地、別墅聚集地。

西元79年8月24日的下午1點左右，位於龐貝城西北，距離約10㎞左右的維蘇威火山開始噴發。大量火山灰

01
只留下鑄型的人們
將石膏灌入龐貝遺跡內
所流下的鑄型後，被
「復原」的人們。連衣
服的皺紋都可以看得很
清楚。

Photo：Alamy / Aflo

在龐貝城落下，不久後火山碎屑流也席捲而來。

　　火山碎屑流，是由火山所噴出的熔岩以外的高溫物質及氣體混合而成，看起來就像高速流過地表的黑色雲霧。龐貝城就是被火山碎屑流毀滅的，這場火山噴發造成了約2000人死亡。在高溫與缺氧的狀況下，人們大約只要數秒內就會死亡。而遺骸則在被高溫的火山碎屑流吞噬的瞬間開始燃燒，並覆蓋上一層厚厚的火山灰，隨著時間日漸腐壞。

　　19世紀時，龐貝古城挖掘工作的監督者朱塞佩‧菲奧勒利（Giuseppe Fiorelli）發現，層層堆積且硬化的火山灰內部，有著一個個像是人類輪廓的空洞。看來遺骸腐壞之後，留下了原先的輪廓形成空洞。菲奧勒利試著將石膏灌入空洞內，以火山灰形成的鑄型，製作出石膏複製品。待石膏凝固後，破壞鑄型，就可以得到**遺骸外型的石膏像**[01]。

　　用這個方法，可以重現出死者在死亡那一瞬間的姿勢。

連狗也逃不掉……
以痛苦的姿勢死去的
狗。還可以見到牠脖子
上的項圈。
Photo：Alamy / Aflo

有些人表情扭曲，像是吶喊著「還想活下去」、「為什麼是
我死呢？」一樣。不只是人，龐貝古城中也發現了看起來很
痛苦的狗[02]。看著看著不由得讓人胸口一緊。

　　這些石膏像就像字面上的意思，是「石膏製品」，並非
生物體。然而，它們也不是單純的石膏像複製品，它們的特
徵在於保有內部結構。

　　19世紀的菲奧勒利所使用的方法，是將石膏灌入由火
山灰所形成的「鑄型」。至於為什麼會形成鑄型，那是因為
皮膚和內臟等軟組織在長年歲月中腐壞了。

　　但是，不管是人類還是狗，都不是全由軟組織所構成。
我們脊椎動物既有骨頭、也有牙齒。這些硬組織在火山灰內
又怎麼樣了呢？

　　近年所舉行的這項計畫，被認為是「考古學史上少見

石膏

火山灰

空洞

菲奧勒利為「復原」龐貝古城的人們所使用的方法。他將石膏灌入空洞內，製成石膏像。在火山灰裡，軟組織部分雖然都已腐壞消失，但骨頭有時會留下來。

的、具有雄心壯志的修復工作」（國家地理雜誌2016年4月14日的新聞），研究人員們試著用電腦斷層掃瞄，觀察由龐貝古城的鑄型所製成的石膏像。結果發現石膏內確實含有骨頭和牙齒。

其中最受關注的是牙齒。計畫內的牙科技師觀察這些牙齒後，甚至可以判斷出它們的主人是什麼職業。當然，也可以推測出他們平常都吃些什麼。這些研究讓我們能更加瞭解龐貝古城人們的真實生活樣貌。

雖然會被做成石膏像，但內部確實包含了一部分的遺骸。這或許也是一種成為「化石」的不錯方法。如果想要用這種獨特的方法變成化石，可能要有死亡前幾秒需承受劇烈痛苦的覺悟。筆者認為，與其這樣還不如先做好準備工作，在被火山灰掩埋之前先死亡會比較好。

體毛尖端的剛毛、
雄性生殖器、牽著小孩的「線」

被火山灰包埋起來之後，大部分的生物本體都會腐爛，只留下鑄型。當然，這類化石並非只有人類會形成。

英國英格蘭西部的赫里福德郡內，有一塊由約4億2500萬年前落下的火山灰堆積而成的地層。這個火山灰地層內，可以找到生存於古生代志留紀中期之生物的「鑄型化石」。

志留紀是一個溫暖的時代。最古老的陸地植物化石，就是發現於這個地層內，不過陸地上卻幾乎沒有動物化石的紀錄。特別是脊椎動物，一般認為此時完全沒有任何脊椎動物可以在陸地上生活。生命活動的舞台是在水中，有非常多外觀類似蠍子的節肢動物。雖然有魚，但這時的魚身體還很小，在動物階級中還只是個「弱者」。就是這樣的時代。

赫里福德郡的火山灰地層，最厚處可達1m厚。地層內沉睡著原本棲息於水深150～200m的海生動物化石。不過，化石倒不是直接存在於火山灰內，而是火山灰包埋著許多大小約2～20cm的岩塊，岩塊內則有各種生物的鑄型。這些岩塊又被稱做「團塊（nodule）」或「結核（concretion）」。本書一律使用「結核」這個名字。

以下就來介紹幾種結核內的海生動物化石吧！

赫里福德郡出產了許多種類的化石，其中筆者最喜歡的是**奧法蟲（*Offacolus kingi*）**[03]。不管是牠的外型還是保存狀態，都很具有「衝擊性」。

奧法蟲是全長約5mm的螯肢類，它的後方背負著一節節看起來像魚板的殼。背側後方的尖端還有一根粗0.2～0.3mm的棘。

腹側後方的左右兩邊各有一個寬約0.75mm的鰓狀結

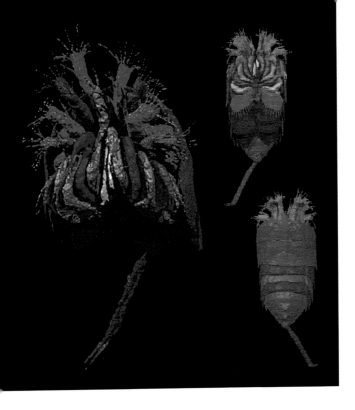

構。10條附肢（也就是所謂的腳）朝前突出，每條附肢的
寬度約在0.4mm以下。除了位於中央的兩條附肢之外，其他
8條附肢的末端兩兩相連。前方的腳的尖端生有茂密又細微
的剛毛，擁有「帶剛毛附肢」的生物化石是相當稀奇的。雖
然我們並不確定這些剛毛有什麼作用，但光是那麼細微的構
造能夠以化石的形式留存下來，這件事本身就相當難得了。

　　說到衝擊性的保存狀態，**大陰莖善泳介形蟲**
（*Colymbosathon ecplecticos*）[04]也不遑多讓。牠是全長5
mm的介形蟲類。介形蟲類是甲殼類底下的一個分類，有時
候會把「介形蟲」寫成「貝形蟲」如介（貝）形蟲這個名字
所示，牠有兩瓣由碳酸鈣組成的殼，這是牠的一大特徵。多
數情形下，只有殼會以化石的形式留下，可作為鑑定地層年

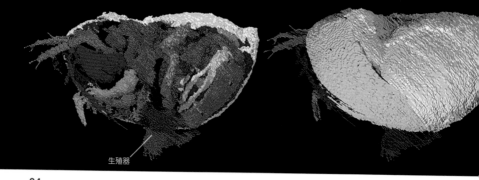

生殖器

04
世界最古老的雄性

全長5㎜左右的介形
蟲，大陰莖善泳介形蟲
的復原。打開牠的硬殼
（右方圖片）後，可以
看到內部結構（左方圖
片）。

Photo：David J. Siveter

代的「指準化石」，也可作為推測地層沉積環境的「指相化
石」。介形蟲這個分類約有5億年的歷史，亦存在現生種。

　　赫里福德郡所發現的大陰莖善泳介形蟲化石，不僅保留
了殼，連內部構造都有留下來，讓我們可以清楚看到牠的每
條附肢與內臟，甚至連眼睛的形狀都很清楚。其中最讓人吃
驚的是，居然可以觀察到牠的雄性生殖器。

　　少數動物（如狗）的陰莖內有骨頭，但除此之外，不管
是脊椎動物還是無脊椎動物，生殖器多是由軟組織構成。而
能夠保存軟組織的化石少之又少，因此，研究人員有時會爭
論發現的化石個體到底是雄性還是雌性。

　　然而，大陰莖善泳介形蟲卻留下了生殖器的外型。這是
目前已知最古老的雄性生殖器。這個話題不只是在古生物界
引起討論，也受到一般媒體的關注。英國BBC在論文發表
的2003年12月，以「Ancient fossil penis discovered」（發
現太古時代的化石陰莖）為題，報導了相關新聞。

　　再來介紹一種蟲吧！那就是同樣屬於節肢動物的**棘刺風
箏蟲**（*Aquilonifer spinosus*）**05**。牠有一個近1㎝大、一節
一節的殼，並從頭部伸出兩根長長的「觸手」。牠還有許多
附肢，身體後端有一根長長的棘。

　　棘刺風箏蟲最引人矚目的地方在於，在同一個結核內還

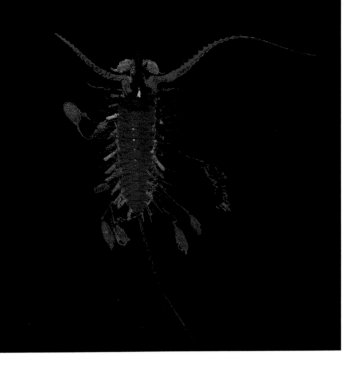

05
從細微結構瞭解動物的
行為
全長1cm大的節肢動物，
棘刺風箏蟲。牠身上的
極細絲線，引起了一陣
關於這種動物之行為的
討論。
Photo：Briggs et al. 2016

發現了10個外型不同、每個長度約1～1.5mm的小型節肢動
物。這些小型節肢動物與棘刺風箏蟲之間，以（應該）富柔
軟性的極細絲線相連著。

　　有人認為這些小型節肢動物是一群小小的棘刺風箏蟲，
也有人認為牠們是寄生在這隻蟲上的其他物種。不過，極細
絲線的存在便否認了寄生的可能性。如果這些小蟲是寄生生
物的話，棘刺風箏蟲只要把這些線切斷就好。這表示，棘刺
風箏蟲或許與這些小小的節肢動物之間存在著某些共生關係
也不一定。

　　發表棘刺風箏蟲的美國耶魯大學Derek E. G. Briggs等
人指出，這些小小的節肢動物應該是棘刺風箏蟲的幼體。棘
刺風箏蟲的成體可能是藉由這些細線，拉著這些幼體前進。
「小朋友們看我這裡，要好好跟著我喔～～」大概是這樣的
情景吧。現生的節肢動物中，很少物種會有這種行為。研究

人員只是因為看到了極細的線，而做出這樣的推理。

本體不會留下來，要有這個覺悟

剛毛、生殖器、「牽引線」。這些極小生物微小又柔軟的結構，又是如何被保存下來的呢？

英國牛津大學的Patrick J. Orr等人，於2000年發表的論文中提到了赫里福德郡化石的相關研究。這裡讓我們介紹一下該論文所提到的假說。

首先，火山灰是必要的。粒子愈細小愈好。被火山灰掩蓋住的遺骸會開始腐敗，腐敗後的物質會從周圍的火山灰縫隙滲透出去。而火山灰內含有的礦物成分也會慢慢沉積在遺骸的周圍或內部，像是內臟便可能沉積一些濃厚的鈣質和磷酸鹽類。

由遺骸釋出的腐敗物質，會與火山灰內的礦物成分產生反應，在遺骸周圍形成鑄型，固定出遺骸的外型。另一方面，滲透進遺骸內部的鈣質，則會使遺骸成為以鈣為主成分的方解石。包圍生物遺骸的結核，可能就是在這個階段形成的。

最後，火山灰內的礦物成分與海水內的鈣與鎂等成分起作用，使遺骸周圍形成名為白雲石的礦物。被岩石包住的赫里福德郡化石就是這樣形成的。

……再來要說的是一些可能有些瑣碎的細節。基本上，赫里福德郡與龐貝城的化石都屬於「火山灰內的鑄型」。但你有發現這兩種化石之間決定性的差異嗎？談到龐貝城的化石時，我們曾提到可以將石膏灌入火山灰內的空間，製成複製品。但赫里福德郡的結核內部，卻是堅硬的方解石。

結核的形成過程

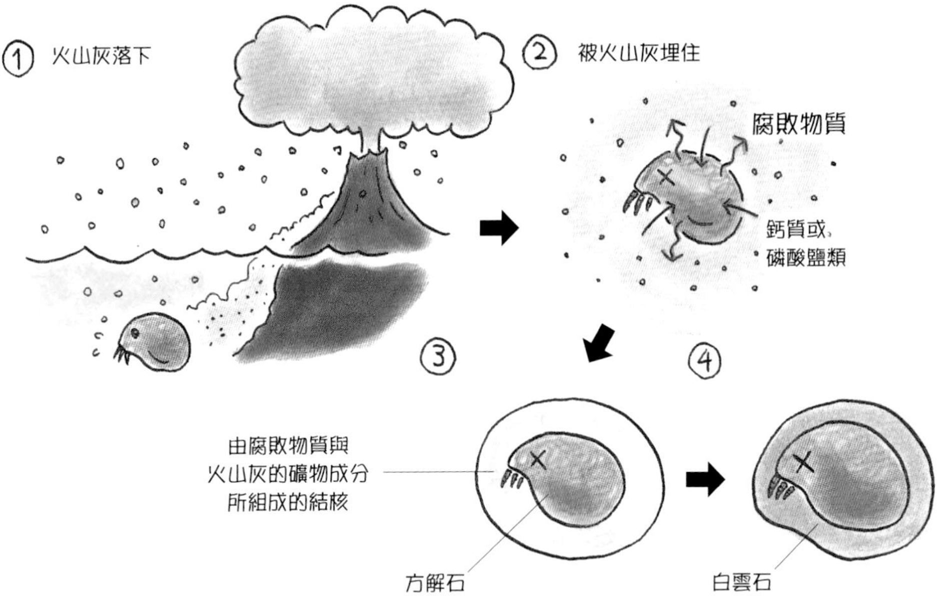

① 火山灰落下

② 被火山灰埋住

腐敗物質

鈣質或,
磷酸鹽類

③ 由腐敗物質與
火山灰的礦物成分
所組成的結核

方解石

④

白雲石

　　赫里福德郡的化石多為全長1cm以下的化石。這麼小的標本內，還包含了結構細緻，紋理在0.1mm以下的方解石與白雲石。要把這個等級的細微結構從結核中分離出來，是一件非常困難的事。

　　在一般的化石研究法中，並不會用鑽頭之類的物理方法去撬開這麼小的化石，而會以藥品之類的化學方式設法將標本從母岩內取出。由於化石的化學成分與其周圍的物質不同，故可用適當溶劑，僅將周圍的物質溶掉，留下化石本身，之後再用顯微鏡將化石一一挑出，進行分析。

　　但這種方法卻不能用在赫里福德郡的化石上，因為火山灰內所含有的礦物成分已滲透至生物體內。……也就是說，化石的成分和火山灰的成分基本上是一樣的。要是想用某些

結核的CG復原

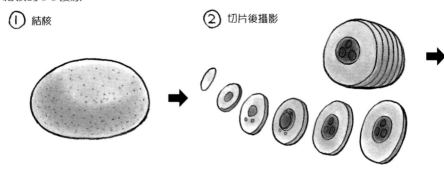

① 結核　　　　　② 切片後攝影

藥品溶掉火山灰的話，化石也會一起被溶掉。

那麼，赫里福德郡的化石又是怎麼取出來的呢？P.95～97的圖片難道不是這些化石的圖片嗎？事實上，相信你也看得出來，這些圖片是Computer Graphics（CG），並不是化石本身，連「復原圖」都不是。然而，這些Computer Graphics才能呈現出真正的赫里福德郡化石。

讓我來詳細說明一下吧！

不管是用物理方法，還是用化學方法，都沒辦法取出赫里福德郡的化石。因此研究人員便有了個大膽的想法，那就是「放棄取出化石」。

他們把結核切成一片片厚度只有30 μm（不到人類頭髮粗細的一半）的薄片剖面，並一張張拍下這些剖面的樣子。一個結核可以切出超過2000張的剖面。接著再將每一張剖面圖放入電腦，開始「製作」化石。如果你有在醫院做過電腦斷層掃描的經驗，應該很容易想像這個過程。將拍下來的剖面圖一一連接起來之後，就可以重現出內臟形狀以及人類外型的細節。順帶一提，用這種方法的話，需將結核與鑄

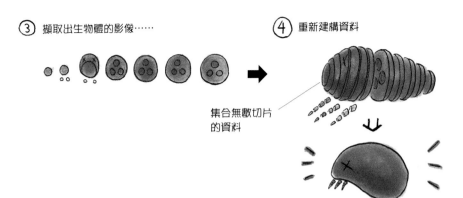

③ 擷取出生物體的影像……

④ 重新建構資料

集合無數切片
的資料

型一起切片，故化石本身不會被留下來。

　　像龐貝古城的化石那樣留下空洞，或者是像赫里福德郡
的化石那樣本體被其他化學成分取代。如果想藉由火山灰變
成化石的話，就會變成兩種情況的其中一種。

　　另外，在龐貝的火山灰底下，其實還埋著整個龐貝都
市。由石灰岩與凝灰岩等組成的街道、劇場、道路等建築
物，就像停留在城市毀滅的那一瞬間一樣，完整地被保留了
下來。因此，像這種由岩石所組成的東西，或許也會一起以
「化石」的形式被保存下來。

　　在龐貝城內還找到了許多當時的**濕壁畫**06。這是一種使
用灰泥進行作畫的藝術形式，雖然它可能已經因火山灰的高
溫而改變了顏色，但至今仍保留了相當繽紛的色彩。也就是
說，如果是用龐貝古城的方法來保存化石，或許可以把周圍
的東西一起保留下來。包括你活著時的樣子、愛用的物品、
自己生活的街道風景，甚至可以用石灰岩雕像或濕壁畫將訊
息留給後世的發現者。你覺得如何呢？

　　如果是用赫里福德郡的方法來保存化石，會變成一堆只

06
顏色鮮艷的「留言」
被火山灰掩埋住的濕壁
畫，顏色相當鮮艷，告
訴了我們1900年以前的
文化是什麼樣子。

Photo：Photogolfer /
Dreamstime.com

能用電腦讀取的資料。雖然無法留下顏色，但資料的管理應
該會相當方便才對。如果未來也會有網路的話，或許可以分
享給全世界的人看。

　　你比較喜歡哪一種呢？

龐貝城法

若使用龐貝城的方法變成化石，可以留下身體的大略輪廓，以及濕壁畫等藝術作品。若使用赫里福德郡法的話，雖然沒辦法留下本體，但身體的每個細節會以數位資料的形式被保留下來，只是顏色會被任意決定。你會選擇哪一種方法呢？

赫里福德郡法

7 石板篇

我也能變成化石嗎？

～可以作為建材或裝飾～

說到保存良好的化石產地……

有些化石能夠以石板的樣子，裝飾在一個很有情調的客廳內。如果保存狀況很好的話，還可以加上外框掛在牆壁上，簡直可以說是另一種「藝術品」。

位於德國南部的索爾恩霍芬所出產的化石就像這個樣子。如果目標是成為保存良好的化石的話，多瞭解這個地方的化石絕對是好事。

能產出保存良好的化石，這種地層又被稱做「化石礦脈」。本書目前介紹過的產地，基本上都屬於化石礦脈。而分散於世界各地的化石礦脈中，接下來要介紹的索爾恩霍芬是其中知名度最高的一個。這個地區有約1億5000萬年前（侏儸紀後期）堆積而成的石灰岩，分布範圍的東西長約100km，南北長約50km。

說到索爾恩霍芬的代表性化石，那就是始祖鳥（*Archaeopteryx*）了。甚至可以說索爾恩霍芬之所以會那麼有名，就是因為這裡有始祖鳥的化石。

至今已發現了10個以上的始祖鳥化石。其中以1861年發表的「倫敦標本」，以及1876年發表的「柏林標本」的保存狀態最為良好。這兩個標本都幾乎留下了整個身體，各部位的骨頭現在看起來仍栩栩如生。而且，骨頭周圍的石灰岩還可確認到翅膀上羽毛的痕跡。

01
始祖鳥的柏林標本
「談到始祖鳥，就不得不提這個標本！」想必許多人也這樣想吧。這個標本連細節都有完整保留下來，翅膀也非常清楚。啊，真是太美了。如果可以變成這種化石的話，不是也很不錯嗎？

Photo：bpk / Museum für Naturkunde Berlin / Carola Radke / distributed by AMF

先來介紹**柏林標本**[01]吧。這個標本的照片曾出現在大大小小的媒體上，想必會有很多人覺得「我有看過」、「聽到始祖鳥，我第一個想到的化石就是這個」吧？大幅伸展開來的身體、仰望的姿勢、尾巴、四肢、頭骨。保存狀況相當良好，一不小心就會看得入迷。這個標本除了確認到始祖鳥有著像鳥類一樣的翅膀以外，也發現牠的嘴巴結構與鳥喙不同，長有牙齒，這是現生鳥類所沒有的特徵。因此，始祖鳥被視為連接了爬蟲類與鳥類的失落環節，從達爾文的時代開始便備受關注。

再來是**倫敦標本**[02]。在這個化石中，始祖鳥的顱骨被保存於和身體稍微有些距離的地方。「顱骨」指的是包覆腦的骨頭。腦本身雖然沒有變成化石留下，但只要調查顱骨的樣子，也可以瞭解腦的大致結構。以倫敦標本的情況來說，顱骨的電腦斷層掃描結果顯示，牠的三半規管相當發達，與現生鳥類在同一個水準。三半規管負責平衡感，故可得知始祖鳥應該有很好的平衡感。古生物中，能夠從化石看出這種身體能力的物種並不多見。

由於細微構造都變成化石保留了下來，始祖鳥在生命演化的研究史上佔有很重要的地位。

另外，也有人試著研究始祖鳥的「顏色」。大多數情況下，生物存活時身上的色素並不會顯現在化石上，索爾恩霍芬的化石也一樣。不過2012年美國布朗大學的Ryan M. Carney在被認為是始祖鳥羽毛的化石內，找到了名為「黑色素體」的胞器。雖然沒有留下色素本身，卻留下了製造這種色素的結構。

黑色素體有個特徵，那就是製造出不同色素的黑色素體，它們的形狀也各不相同。Carney等人將在始祖鳥羽毛

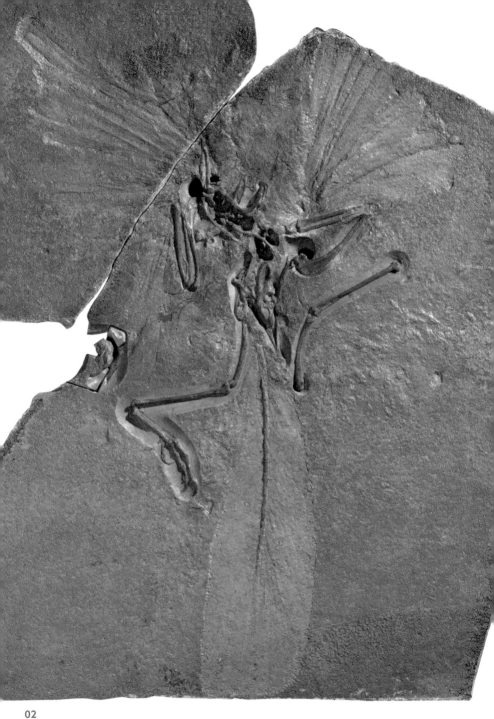

02
始祖鳥的倫敦標本
顱骨原本位於圖片左方的右腳腳踝附近（大大的「く」字的彎曲處旁邊）。

因為化石內有找到可製
造黑色色素的胞器，故
始祖鳥當初被認為是全
身黑色的生物。不過這
畢竟是要用顯微鏡觀察
才找得到的微小構造，
所以只能確定某些部位
可能是「黑色」的。最
新的復原模型則呈現出
黑白相間的模樣。

舊復原模型　　　　新復原模型

化石內發現的黑色素體形狀，與115個現生鳥類羽毛做比較。結果發現，始祖鳥的羽毛為黑色的機率在95%以上。

　　到了2013年，英國曼徹斯特大學的Phillip L. Manning等人用X光分析化石內殘留的化學成分，希望藉此進一步推測化石原本的顏色。結果發現，Carney等人所說的「黑色的機率在95%以上」其實只適用於羽毛的外側部分，羽毛的內側應該是比較明亮的顏色才對。這些分析結果讓始祖鳥化石成為所有古生物中，極少數可以討論「顏色」的標本。

　　除了始祖鳥之外，索爾恩霍芬也出產包括各種脊椎動物、無脊椎動物在內，各式各樣的優質化石。接著就讓我們來談談2012年發表的**似松鼠龍**（*Sciurumimus*）[03]化石吧！

　　似松鼠龍是全長只有70㎝的小型恐龍。牠的化石保存得非常完美，從鼻尖、四肢、到尾巴尖端都有被完整保留下來，在尾巴根部附近也有發現羽毛。最近學界發表了不少有羽毛的恐龍復原模型，不過像這樣可以證明恐龍有羽毛的直接證據就沒有那麼多了。

　　由前面所介紹的例子可以看出，索爾恩霍芬的化石因為

保存狀況良好，在學術上有很高的
價值。如果想成為化石，要不要考
慮變成這樣的化石呢？

似松鼠龍的復原插圖。
其驚人的化石就在下一
頁。

留下最後的「掙扎」

如果想讓自己或者某個東西變成化石，必須在生命活動
已結束的前提下才能進行。在活著的時候，為了成為化石而
刻意踏上死亡之路，這聽起來實在是太亂來了，請千萬別這
麼做。

不過，自然界中就不是這樣了。有時候生物會突然感覺
到死亡的氣息，然後拚了命地掙扎逃離。這個掙扎的痕跡可
能會以化石的形式留下來。在索爾恩霍芬就發現不少可以確
認到生物「掙扎痕跡」的標本。

其中最具代表性的化石，就是鱟類「中鱟」
（*Mesolimulus*）的「死亡之路」。中鱟的身體後方有一條
長棘，這點和現生的鱟類十分相似。在索爾恩霍芬，**中鱟死
前的步行軌跡**[04]偶爾會以化石的形式保留下來。

舉例來說，2012年英國頓卡斯特博物館的Dean R.
Lomax與美國懷俄明恐龍中心的Christopher A. Racay所發
表的中鱟足跡化石就長達9.6m。在這個漫長足跡的終點，
有一隻已死亡並化為化石的中鱟。而在起點處，則記錄了這
隻中鱟在死前不知所措的樣子。在牠踏出死亡之路的足跡
前，就像是在尋找適合的方向般，改變了好幾次前進方向。
出發之後，轉了兩次90度的彎，途中也有休息，休息完後
繼續前進，但最後仍舊死了。這個中鱟到底碰上了什麼呢？
這個我們之後會再說明。另外，在索爾恩霍芬也發現了一個

03

咦？這是真品!?

似松鼠龍的標本。筆者第一次
看到這個化石的照片時，不
自覺地多看了幾眼，還跟認識
的研究人員確認：「這是真品
嗎？」由此可看出這個化石保
存得非常好。牙齒、爪子的尖
端、肋骨，甚至連毛髮都有保
留下來。標本全長約70cm。

Photo：Helmut Tischlinger

中鱟的本體

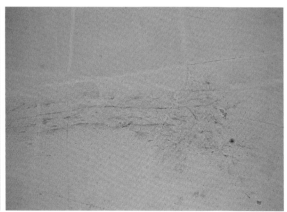

04
痛苦地前進……

中鱟的「死亡之路化石
（上圖）」，實際上約
9.6m長。上圖右端可以
看到落下地點（右下圖
為其放大圖），左端可
以看到足跡「主人」的
遺骸（左下圖為其放大
圖）。這是一段痛苦前
進的痕跡。

Photo：The Wyoming
Dinosaur Center & Dean
R. Lomax

留下數十 cm 的移動痕跡，卻在痕跡末端死亡的蝦化石[05]。

　　足跡化石本身並不是什麼稀奇的東西，甚至可以說是非
生物本體之生痕化石的代表。以日本為例，在群馬縣、福井
縣、富山縣皆有發現恐龍的足跡。不過在大多數的情況下，
我們不會知道足跡的主人是誰。雖然可以知道大致上是屬於
哪一類生物，但通常沒辦法確定是哪一個物種。能夠「明確

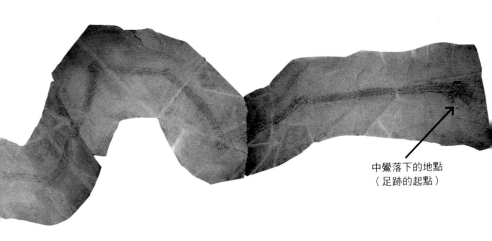

中鱟落下的地點
（足跡的起點）

判斷出是哪一個個體留下來的足跡」的案例，就更是少之又
少了。

　　不過，索爾恩霍芬的足跡化石就是例外。因為在足跡的
末端可以找得到足跡主人的化石。如果是像索爾恩霍芬這樣
的環境，就有可能讓後世的人們看到在這裡死亡的生物的
「死前故事」，雖然目前我們還不曾發現脊椎動物化石的死
前故事。不過，前面也有提到，這種方法實在不適合推薦給
你。因為不管是中鱟還是蝦子，一定都是經歷了巨大的痛苦
後才死亡的。

無氧的礁湖內

　　中鱟與蝦子之所以會「痛苦地死去」，與索爾恩霍芬出
產許多優良化石的理由是一樣的。

　　侏儸紀後期，包括索爾恩霍芬區域在內的德國南部多數
區域仍沉在海底。在當時溫暖的氣候下，海裡出現愈來愈多
由海綿與珊瑚所形成的礁。

113

05
好痛苦啊……

位於圖片最右端的蝦
子，在生命最後所留下
的足跡化石。一邊承受
著痛苦一邊留下痕跡，
最後力盡而亡……。

Photo：Jura-Museum
Eichstätt

　　海裡的地形愈來愈複雜，遍布各處的礁使各區域的水逐漸與外海隔絕，形成湖。雖然說是「隔絕」，但也不是真的完全分離。若出現暴風雨之類的環境因素，使水面暫時上昇的話，仍有機會與外海相連。

　　雖說如此，但如果位於溫暖地區的湖與外海隔絕的話，湖的水分就會持續蒸發，使鹽的濃度愈來愈高。鹽分愈高水就愈重，較重的水會沉到湖底。另外，與外海隔離的湖，湖水幾乎沒辦法形成縱向循環，故無法讓新的氧氣溶入湖水。最後便會使湖底漸漸成為高鹽分、低含氧量的環境。借用統整了古生物學基礎資訊的《古生物的科學5 地球環境與生命史》一書的說法，這時湖底深層的水就像是「死亡水域」。

　　高鹽分、低含氧量的環境對生物來說，正是「死亡環

境」。鹽有脫水作用，如果用鹽巴醃漬蔬菜，就會慢慢逼出蔬菜內的水分。當動物來到鹽分比較高的環境時，也會出現脫水現象。如果體內的水分一直流失，動物就沒辦法活下去。含氧量低的環境就更不可能活下來了。

當然，沒有任何生物會喜歡活在這樣的環境下。會在這種環境下變成化石的生物，都是因為運氣不好，被暴風雨或類似的意外送進這裡的，這是目前比較被大家接受的說法。被送到這個「死亡水域」的動物，基本上都會馬上死亡。不過，像是鱟或甲殼類等對高鹽分環境和缺氧環境有一定耐受度的動物，則會在死前拼命逃脫，將牠們的「死亡之路」以化石的形式留下來。剛才介紹的中鱟和蝦子大概就是因為某些原因被沖到湖底，雖然拚命掙扎，最後仍在湖底死亡。一想到牠們在死前所受的痛苦，不由得讓人心頭一緊。

這樣的「死亡水域」不僅沒辦法讓肉食動物活下來，連分解動物遺骸的細菌都無法生存。因此沉在湖底的遺骸不會分散各地，而是能作為化石保留下來。而且，如果是由暴風雨將動物送過來的話，暴風雨也會激起強勁的水流，揚起堆積物，再一次沉澱堆積，使位於湖底的動物迅速被掩埋。就是因為這樣，讓索爾恩霍芬出產了許多優質的化石。

作為建材使用

索爾恩霍芬的石灰岩有個特徵，那就是很容易朝某個特定方向切割成薄片。

在索爾恩霍芬的歷史中，比起岩石內埋藏的化石，其母岩石灰岩的特徵[06]，才是該區岩石自古以來就備受矚目的原因。這些岩石能夠被切割成板狀，方便以人力進行挖掘及加

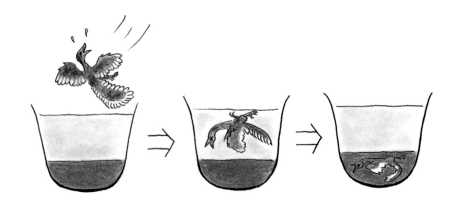

當時，索爾恩霍芬附近的湖，湖底大都是沒有氧氣的「死亡水域」。始祖鳥等生物可能是在某些意外下被吹進湖內，沉至湖底，然後被石灰質的微型浮游生物遺骸（擁有石灰質外殼的微型浮游生物）掩蓋，進而保存了下來。

工，故可用作石版印刷的材料，或當作建築物牆壁、地板、屋頂的建材。這段歷史可以追溯至羅馬時代。

這些用途到了現代也沒有改變。索爾恩霍芬的石灰岩大多是白色、乳白色，或是帶有一些奶油色。這種獨特的色澤，常被用來製成裝飾牆壁的石材、鋪設地面的磁磚等，在日本也很常看到。特別是由索爾恩霍芬的石灰岩製成的磁磚，甚至可以在居家用品賣場或是網路上買到，廣泛用於一般住家。說不定這些建材內就藏有菊石之類的化石喔！如果你找到像始祖鳥這種等級的化石，那就是個很驚人的發現了。那時還請你盡快「通報」附近的自然史博物館。

索爾恩霍芬的化石，它們的樣子就像是夾在兩片切得很薄的岩石之間。這些生物就像是被壓扁在石頭上一樣，身體各部分都貼在岩石上。每個部分的殼或骨頭都各自有一定的立體感，不過整體而言呈平面分布。

若你有機會實際了解化石的收藏、管理工作的話（筆者在大學、研究所時，曾經幫忙處理過一些化石，現在也收藏了一些化石或複製品），就會發現「板狀標本」不會占用太大的存放空間，也可以掛在牆上展示，相當方便。如果希望在未來「能夠成為被掛在牆上展示出來的化石」、「就算沒有保留立體的樣子也沒關係」的話，或許可以參考索爾恩霍

06
把板狀的石頭啪啦啪啦地劈開！
索爾恩霍芬的石灰岩可以漂亮地劈成板狀,因此很適合用來作為建材。順帶一提,有些挖掘場只要支付一定的費用,就可以體驗挖掘化石的活動。

Photo：Robert Jenkins

芬的化石形成機制。也就是選擇某個深度很深的礁湖,且偶爾會有暴風雨侵襲的區域,在暴風雨的吹襲下沉到湖底就可以了。順利的話,或許就可以成為石板狀的化石了。如同本章開頭所述,只要把石板拿去給裱框師傅,就可以請他裱上

117

板狀的標本管理起來相當容易。也可以裱框後展示出來，別有一番風格。是和客廳裝潢十分相配的化石。

框，剛好可以作為室內裝飾。或者也可能成為某個建築物的建材，並在偶然之下被人發現，說不定還會一炮而紅。

　　不過，如果是選擇像索爾恩霍芬的石灰岩這類岩石作為母岩的話，需特別注意酸性環境。大多數的骨頭和硬殼在酸性環境下會變得比較脆弱，而且石灰岩本身也很不耐酸。一般室內應不至於是會讓石灰岩溶解的酸性環境，但未來的事誰也不知道。為以防萬一，最好還是先瞭解一下這種化石的「弱點」。

　　再重複一次，絕對不要在還活著的時候嘗試這種方法。

請回想一下剛才提到的中鱟的例子。不要讓你自己，或者是讓你重視到想讓牠們變成化石的動物們，用這種痛苦的方式死去。

8 油頁岩篇

～用合成樹脂完整保存～

將最後的晚餐以
「細胞層次」的精緻度保留下來

當你想變成化石，或者想將你所挑選的任何東西變成化石，讓它對學術研究具有重大貢獻、被後世學者當成重要寶物，也是一個不錯的選擇。如果後世的研究者在化石的腸胃內找到死亡前所吃的東西，也就是所謂的「最後的晚餐」的話，毫無疑問地，一定會非常高興。

這種化石不僅實際存在，在研究上也非常具有重要性。因為它會成為該動物「以什麼為食」的直接證據。若想瞭解動物的生態，沒有比這更好的線索了。

說到有留下最後晚餐的化石，在德國西部的「梅塞爾坑」所挖出來的化石或許能作為參考。

梅塞爾坑（Grube Messel），或者可以用英語稱作「Messel pit」，這個化石產地在距今約4800～4700萬年前被認為是一個環繞著亞熱帶森林的大湖。因此這個地方產出許多淡水魚，以及被認為是生活在湖泊周邊的各種動物的化石。在這麼多的化石之中，以下將介紹3個留有最後晚餐的標本。

第一個是暱稱為「伊達」的達爾文猴（*Darwinius masillae*）[01]，是一種靈長類。

伊達的全長為58cm，其中34cm是牠長長的尾巴，是一個從頭部到尾巴尖端都被「完美地」保存下來的標本。伊達

01
實在太完美了
右頁是梅塞爾坑所發現的達爾文猴的標本，暱稱為「伊達」的標本。不只保留了骨骼的細節，還殘留了變黑的軟組織，在胃的附近可以觀察到牠「最後的晚餐」。

Photo：Jørn Hurum/NHM/UiO

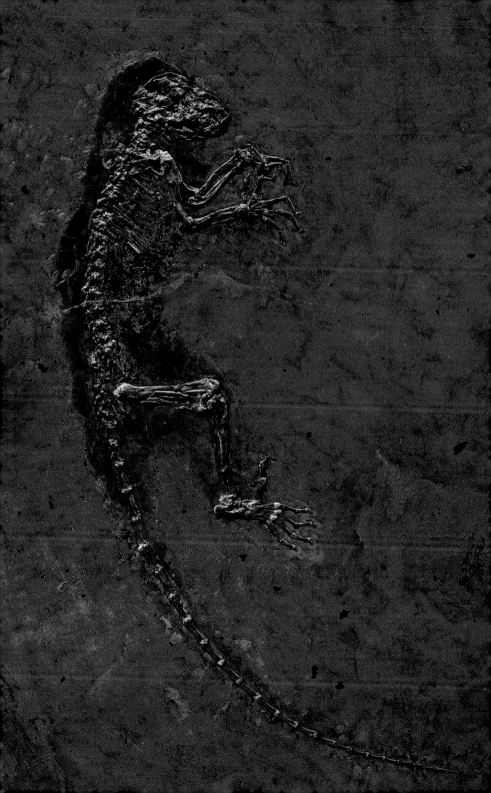

在分類上稍微有些爭議，不過目前較有力的說法認為牠屬於「曲鼻猿類」。

伊達有著和我們人類相似的臼齒。解剖學上，牙齒長什麼樣子，就代表生物會吃什麼。發現這個標本的時候，研究人員便試著從牙齒的形狀推測牠的食性。伊達的牙齒有小小的圓形咬頭，凹陷處也比較深。有這種牙齒的現生靈長類多以果實、昆蟲為主食。

倘若觀察伊達的手足特徵，可以發現它的指頭很長，而且拇指和其他指頭分開、長在它們的對面，是非常適合抓握的構造。這些特徵顯示牠是在樹上生活，且與「以果實為主食，也吃昆蟲」的牙齒特徵並不矛盾。

通常食性的推測就到此為止了，不過如果有最後的晚餐的話就不一樣了。乍看之下，伊達標本的胃內看起來似乎沒有留下內容物。但如果用顯微鏡仔細觀察，可以看到胃裡有種子特有的「細胞壁」，其他還包括一些可能是葉子殘骸的東西。不管再怎麼找，都找不到可以證明牠會吃昆蟲的成

伊達的主食似乎是葉子和果實。因為標本的品質很好，才有辦法知道這些資訊。

分。由此可知，伊達與擁有同類型牙齒的哺乳類不同，主食是葉子和果實，而不會以昆蟲為食。

像這樣，從化石中找到胃內食物的細胞壁，再由此推測出生物的食性，是一件相當了不起的事。這也可以看出伊達的保存狀態有多好。未來的人類（或者是其他智慧生命體）或許也可能會爭論我們的食性，這時，如果也有個像伊達一樣保存良好的化石，殘留下胃的內容物，就可以幫助到未來人類的研究。

順帶一提，關於伊達的故事，在《The

02
連花粉都有留下
留下黑色羽毛痕跡的黑森侏儒鳥標本「SMF-ME
1141a」。左圖的方形部分放大後可得到右圖。圓圈內
可以看到大量花粉殘留。

Photo：Gerald Mayr, Senckenberg

Link》一書（Colin Tudge著）內有詳細的解說，有興趣的
讀者請一定要找來閱讀看看。

第二個要介紹的是鳥類的標本。這是黑森侏儒鳥
（*Pumiliornis tessellatus*）02的化石，牠有個「SMF-ME
1141a」的標本編號。

黑森侏儒鳥是一種全長不到10㎝的鳥類，鳥喙細長是
牠一個很大的特徵。這種看起來很像現生蜂鳥的鳥類，有人
認為牠與杜鵑鳥的親緣關係較近，有人則認為與鸚鵡的親緣
關係較近，在分類上至今仍有爭議。

SMF-ME 1141a的體內除了有昆蟲的碎片之外，還找

到了大量花粉。這種情況下，牠的最後晚餐有兩種可能。一種是分別吃了昆蟲與花粉，另一種則是牠吃了剛吃下花粉（或是身體沾到花粉）的昆蟲。

關於這件事，發表了SMF-ME 1141a這個標本的德國森肯堡研究所的Gerald Mayr與Volker Wilde認為，因為和昆蟲的碎片相比，花粉的量多上許多，故這隻黑森侏儒鳥應該是分別吃下了昆蟲與花粉才對。這些花粉的外型與豆科、唇形科、苦苣苔科的花粉相當類似。

另外，2017年發表了一個保留了尾腺，以及其內部部分油脂的鳥類化石標本。這種油脂是鳥類用來整理羽毛的，居然能以化石的形式保留下來，真的非常難得。

再來介紹一個化石吧！這個生物的化石在胃中留下了遠比細胞壁和花粉還要大的東西，牠是**吃了剛吃下昆蟲的蜥蜴的蛇**[03]。就好像著名工藝品「俄羅斯娃娃」一樣，是一個相當耐人尋味的化石。

這個化石在2016年由森肯堡研究所的Krister T. Smith和阿根廷國立科學技術研究會議的Agustin Scanferla發表，名為費雪氏古蟒（*Palaeopython fischeri*）。它的標本編號為「SMFME 11332」，是一個全長103 cm的幼體，在物種分類上被視為與蚺蛇相近。除了一小部分的身體以外，從頭到尾巴尖端大致保留完整。而且身體裡面還有一個全長不到12 cm的蜥蜴，格伊瑟魯蜥（*Geiseltaliellus maarius*）化石，看來這條蛇應該是從頭部開始吞下蜥蜴的樣子。而這個蜥蜴化石的胃內，還發現了應該是昆蟲碎片的東西。

也就是說，格伊瑟魯蜥先吃下了昆蟲，然後在完全消化完畢前，又被費雪氏古蟒給捕食了。而且，在消化完格伊瑟魯蜥之前，費雪氏古蟒便死亡。死亡後，消化作用自然也

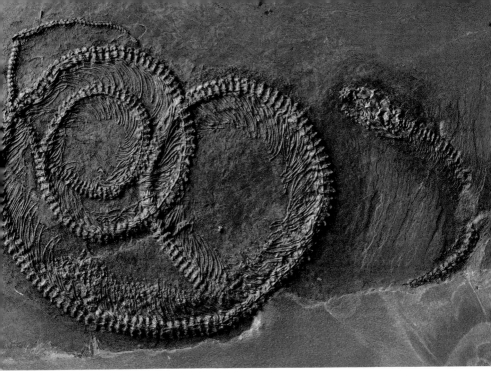

03
吃了剛吃下昆蟲的蜥蜴
的蛇
將部分上圖放大，並標
示出各動物位置後，便
得到下圖。可以清楚看
到蜥蜴（橙色部分），
以及殘留在蜥蜴體內的
昆蟲（水藍色部分）。

Photo：Anika Vogel,
Senckenberg

跟著停止。於是牠們就這樣以化石的形式保存至今。Smith
和Scanferla指出，費雪氏古蟒的最後晚餐，應該是在他死
前1～2日內吃下的。如果讀者「生吞」死前才剛吞下獵物

的肉食動物（包括食蟲動物）的話，或許也會形成類似的化石。雖然我不怎麼建議就是了……。

胎兒，以及「交配中」的化石

梅塞爾坑所發現的化石大多保存良好，也有不少留下全身的化石。其中，還包括了**懷著胎兒的雌性動物[04]**的化石。

2015年，森肯堡研究所的Jens Lorenz Franzen等人所發表的研究成果報告中，有一個名為歐羅希帕斯小型馬（*Eurohippus messelensis*）的原始馬化石。牠是肩高只有30㎝的小型馬，身體外觀看起來像是縮成一團的動物，和目前賽馬場或牧場內看得到的、腳很長的馬相比，外觀很不一樣。另外，牠的一大特徵是前腳有4趾，後腳有3趾。現生馬的各腳都只有一趾，不過以前的馬都有多個腳趾。

這個化石有個「SMF-ME-11034」的標本編號。Franzen等人用X光觀察SMF-ME-11034時，發現腰部的位置，有一些不像是這隻馬所有的細小骨頭。

當然，因為馬是草食性動物，這些細小的骨頭不可能是牠最後的晚餐。仔細觀察X光照片，發現這些骨頭其實是屈膝縮在子宮內的胎兒。因為胎兒的骨頭很軟，故通常很難形成化石。像SMF-ME-11034這種「保持在子宮內的姿勢」化為化石的例子，就更是稀有了。由胎兒的骨骼狀況可以判斷，這時應該是母體懷孕後期。而最珍貴的是，後來也確認到化石內的胎盤組織。

再介紹一個奇特的化石。德國圖

前腳有4趾，後腳有3趾。小型的原始馬，歐羅希帕斯小型馬。

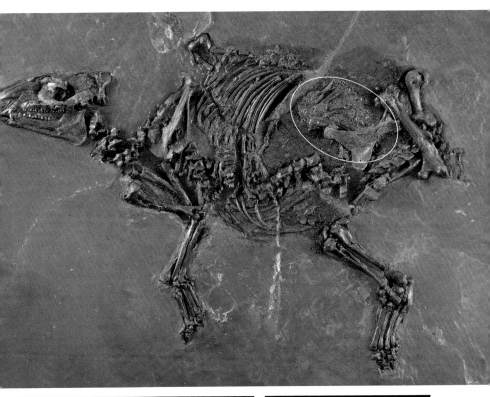

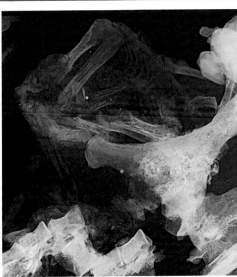

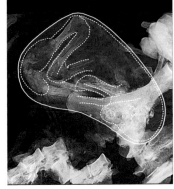

04

肚子內有胎兒

歐羅希帕斯小型馬的骨骼，連細節都有被保留下來。以X光拍攝上圖圓圈內的部分，可得到左下方的圖片。為了便於理解，右下方的圖片用虛線將胎兒的形狀標示出來。

Photo：2015 Franzen et al.

賓根大學的 Walter G. Joyce 等人，2016年發表了一個在梅塞爾坑發現的烏龜化石的研究報告。這種烏龜叫做阿拉耶歐克里斯豬鼻龜（*Allaeochelys crassesculpta*），是梅塞爾坑內相當少見的化石種類。

Joyce等人把焦點放在9組阿拉耶歐克里斯豬鼻龜的化石上。這9組化石都是由一隻體型較小的雄龜和一隻體型較大的雌龜所組成，兩隻烏龜緊靠在一起。這或許暗示了這一對對烏龜彼此是「伴侶」。而這9組化石中，有2組的雄龜把牠的尾巴放到了雌龜的身體之下，兩隻烏龜的龜殼緊緊靠在一起。Joyce認為，這應該就是**交配中的姿勢**[05]。

沒錯，牠們就是在交配的狀態下變成化石。

發現了這個化石之後，人們對於絕種烏龜之交配方式的演化過程有了進一步的瞭解……當然不是這樣。就這個案例來說，「為什麼會在交配的途中變成化石？」才是重點。應該不會有動物特地跑到可能會有生命危險的地方交配才對。所以說，在開始交配的時間點，周圍的狀況應該是不會危及到牠們的性命才對。

現生烏龜也有類似的行為。研究人員推測，阿拉耶歐克里斯豬鼻龜應該是在湖的表層配對，然後在開始往下沉的同時進行交配。不過，Joyce等人的研究指出，原先位於梅塞爾坑的湖，表層應該是普通的水，而湖的深層恐怕是毒性很高的水域。成為化石的烏龜伴侶，可能就是不小心沉到了湖的深層，身體都還沒來得及分開，就死亡了。

含有石油的無氧環境

讓我們再多介紹一下梅塞爾坑的「死亡水域」吧！以下

8 油頁岩篇

05
太入迷了嗎？
交配中的烏龜伴侶，就這麼變成了化石。當牠們沉入毒性高的水域時，身體都還來不及分開，就這樣迎向死亡。真是讓人感到有些悲傷的化石。

Photo：Anika Vogel, Senckenberg

是參考剛才提到的《The Link》一書，以及蒐集了世界各地優質化石資訊的《世界化石遺產》一書（P. A. Selden、J. R. Nudds著）所寫成的說明。

原先位於梅塞爾坑的湖，直徑約3km，深度可達300m。在「深度」上，這個湖與位於日本青森縣，水深326.8m的十和田湖差不多。不過，十和田湖的長徑約為10km。看來過去曾存在的梅塞爾坑湖是個不大卻很深的湖泊。

關於這個湖的形成過程，有幾個假說。《The Link》採用的是「爆裂火山口說」。聽起來好像是個很恐怖的名字，其實就是指火山口湖而已。剛才提到的例子，現代的十和田湖就是一個火山口湖。以日本最深的湖而著名的秋田縣田澤湖，也同樣是火山口湖。火山爆發後，會在火山口形成大湖，這似乎不是什麼稀奇的事。

《The Link》認為，梅塞爾坑的湖主要是由雨水和地下水蓄積而成，沒有常態性的河川流入，也沒有河川流出帶走湖水。由於缺乏水的循環，湖的深處缺乏氧氣。在火山的影響下，更形成了高毒性的水域。另一方面，表層數十公尺左右的水域則有足夠的氧氣溶於水中，使許多生物可以在這層水域中生活。或許不是所有阿拉耶歐克里斯豬鼻龜都在交配時沉到湖的深處，而是大部分個體的交配過程應該在沉到深處之前就結束了。

　　梅塞爾坑的湖被亞熱帶森林包圍著。當樹葉、樹枝等被風雨打下來，落入湖中，便會逐漸往下沉；有時湖面也會有藻類大量繁殖，而它們的遺骸會在沉至湖底的過程中慢慢腐敗、被分解，並消耗光周圍的氧氣。

　　當水深在一定程度以上時，就會進入無氧的世界。下沉到這裡的植物會停止腐敗而被保留下來。在日積月累之下這些植物愈來愈多，被壓在下方的植物會一邊發熱一邊被壓實。這種方式所形成的地層，含有大量由植物轉變而來的石油。因此，梅塞爾坑的地層又被稱做「油頁岩層」。

　　雖然說是「無氧的世界」，但其實仍有少量細菌可以在此生存。對它們來說，動物的屍體正是一頓大餐。當動物因為吸入火山氣體等原因而死亡、沉到湖底時，這些細菌就會一擁而上開始享用。

　　和大多數生物一樣，細菌活動時會消耗氧氣，排出二氧化碳。分解遺骸的細菌會在短時間內於水中釋放出大量二氧化碳，而水中的化學成分會和這些二氧化碳起反應，形成菱鐵礦之類的礦物。這些菱鐵礦又會覆蓋住成群的細菌與遺骸，使細菌無法呼吸，全部死光。最後，遺骸就會在菱鐵礦的覆蓋下被保存下來。《The Link》認為，這就是為什麼梅

塞爾坑的化石可以保存得那麼完美。

禁止風乾。趁還「新鮮」的時候用樹脂加工

　　靈長類的伊達、吃花粉的黑森侏儒鳥、吃了剛吃下昆蟲的蜥蜴的費雪氏古蟒、懷著胎兒的歐羅希帕斯小型馬、在交配時變成化石的阿拉耶歐克里斯豬鼻龜……。由這些標本的照片，應該可以看出這些保存中的化石，周圍都用了某種橙色的物質包覆起來，對吧？這並不是天然的岩石或礦石，也不是修圖後製，而是以人工方式，為化石上一層合成樹脂的塗層。所有梅塞爾坑出產的化石，幾乎都有做這種處理。

　　橙色看起來真美……或許有些讀者會這麼想。但是這種樹脂塗層並不是為了追求美麗或情調而施作，會這麼處理是有科學原因的。

　　梅塞爾坑的化石，都被埋藏在由植物堆積而成的油頁岩之間。油頁岩是一種不怎麼好處理的東西，除了含有15%左右的石油之外，還有40％的水分。挖掘出來的油頁岩會隨

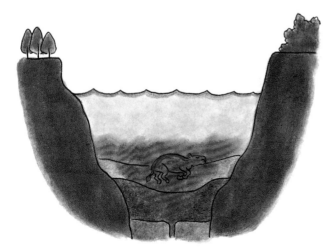

梅塞爾坑的化石，需要同時達成許多條件才能夠形成。包括有毒的火山物質、無氧環境所形成的「死亡水域」、累積在湖底的石油成分……。

著水分的蒸發而出現裂痕，當然，也會牽連到裡面的化石。要是放著不管，貴重的標本就會裂成碎片。

所以才有使用樹脂的必要。

首先，用合成樹脂將化石的其中一面連同周邊的油頁岩一起固定起來。接著一邊用顯微鏡觀察，一邊用針將合成樹脂內的油頁岩挑出。將看得到的油頁岩全部挑出之後，再繼續灌入合成樹脂，固定化石。這些工作必須在化石乾燥以前完成，故需用很快的速度來完成一系列的作業。經過這些繁瑣的程序後，梅塞爾坑的化石就能夠保持被發現時的樣貌，留在合成樹脂內。既然是在地層中保存得那麼良好的化石，想必做這些維護工作的人們也很有成就感吧。

如果想用梅塞爾坑的方式變成化石，你需要找一個容易形成菱鐵礦的環境。累積了許多植物殘骸的深湖，就是一個很好的備選地點。為了方便後世的研究者進行保存工作，不如也把大量的合成樹脂和固定化石的方法一起留存下來吧！既然都成為化石了，要是在被發現之後馬上就粉碎掉，也未免太可惜了。順利保存下來的話，就可以得到一個被橙色樹脂包裹住的「美麗化石」。

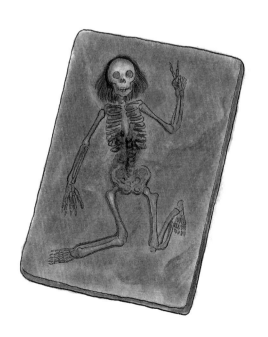

如果是在油頁岩層形成的化石，必須用樹脂置換掉油頁岩，才能夠保存下來。這個步驟會花上不少工夫，不過化石的細節可以漂亮地被保留下來，且有著樹脂特有的「古典美」。

發出紅、藍、綠的光澤

有些化石會發出像是寶石般的光澤，你會不會想變成這種像「寶石」一樣的化石呢？

舉例來說，有些菊石的化石就會發出紅色、藍色和綠色的光澤。這些在加拿大特定地區發現的化石，並不是生前就有那麼繽紛的色彩，而是在它們成為化石之後，才能顯得如此光彩奪目。這些菊石的化石並不只被當作「像寶石的東西」，而是確實被當成「寶石」看待。在寶石領域中，它們有著**斑彩石**[01]這個名字，可說是化石寶石化的典型例子。

如果我們變成化石，也可以發出像斑彩石般的光澤嗎？

要討論這一點，就必須先瞭解斑彩石的生成機制。

菊石活著時，它的殼是由主成分為碳酸鈣的礦物「霰石」所組成的。與斑彩石不同，霰石的光澤比較像是「珍珠般的光澤」。

霰石這種礦物被加熱到一定程度時，就會轉變成「方解石」。方解石與霰石同是主成分為碳酸鈣的礦物，但兩者的分子結構不同，性質也不太一樣。一般的菊石化石就是由這種方解石所組成的。

霰石轉變成方解石後，霰石特有的珍珠光澤也會跟著消失。請試著回想看看常可在博物館內看到的**菊石化石**[02]。雖然有時候可以看到表面被磨得很光滑、看起來很漂亮的菊石

01
這就是寶石化！
右頁上下圖都是斑彩石，而且是被當作寶石的化石。順帶一提，綠色的比紅色的稀少，藍色的又比綠色的稀少。上下斑彩石的長徑皆約60cm左右。

Photo：株式會社 Atlas

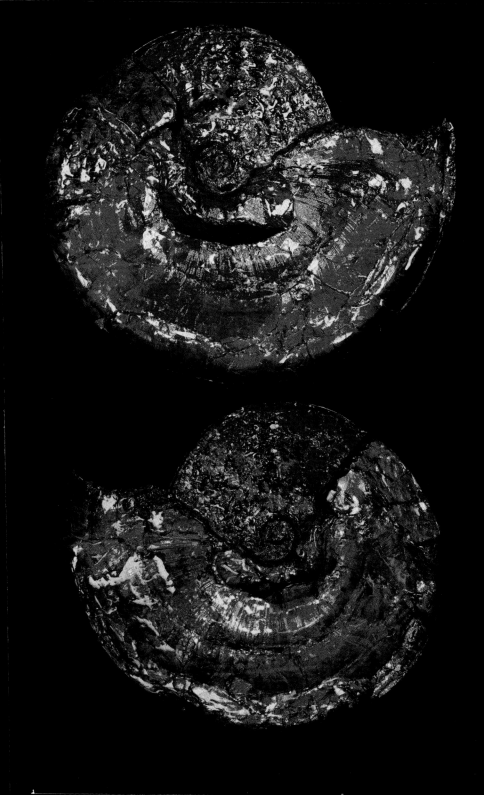

02
相當普通的菊石化石

在分布於北海道的白堊
紀地層內找到的「普通
的」菊石化石。它的橫
肋相當清楚，是一個品
質很好的化石。

Photo：Office GeoPalaeont

化石，但比起「寶石」，它們看起來還是比較像「石頭」。

可是呢，如果地層內的霰石在轉變成方解石的過程中，突然停止加熱的話，菊石就會停留在「過渡狀態」。這時，停止變化的菊石殼就會出現紅、綠、藍色等各種不同的色澤。這就是斑彩石的由來。而能夠提供這種環境的化石產地，就只有加拿大艾伯塔省內的一個約7000萬年前的特殊地層。

這麼看來，斑彩石的光輝是以碳酸鈣為主成分的礦物，在變質的過程中偶然出現的產物。可惜的是，包括我們人類在內的脊椎動物，骨頭皆是以磷酸鈣為主成分，和菊石的外殼在元素層次上有很大的差異。所以我們人類的化石大概很難像菊石那樣，成為色彩繽紛、光彩奪目的斑彩石。

話說回來，若想讓全身整個寶石化的話，還是再多考慮一下會比較好。雖然有些斑彩石能保持很高的完整度，整個

拿出來展示。但也有些斑彩石會被敲成碎片，這些碎片再被拿來當成珠寶賣，畢竟有些碎片的價值甚至可以高達數萬日圓。如果你全身都變成寶石的話，說不定也會走上同樣的命運。即使運氣好，被挖掘出來時仍能保持全身完整，但如果把你挖出來的不是學術研究單位，可能就不會被妥善保存，而是在商業目的下被打碎，再把你的碎片拿去買賣……咦？就算這樣也沒關係，還是想變成寶石？那麼就繼續說明下去吧。

（活著時的菊石的殼）
礦物名：霰石

（寶石化的菊石）
礦物名：斑彩石

（菊石化石）
礦物名：方解石

將乳白色的光輝獻給你

前面介紹的是菊石化石，也就是無脊椎動物的殼寶石化的例子。那麼我們脊椎動物究竟有沒有辦法變成寶石呢？

先說結論，方法是有的。在澳大利亞的南澳大利亞州，就發現了蛋白石化的白堊紀海棲爬蟲類化石，以及同樣蛋白石化的貝類化石。

基本上，蛋白石多為乳白色、有玻璃光澤的礦物，是一種寶石。它有個特徵，那就是內部含有5～10％的水分，若蛋白石過度乾燥的話就會龜裂。雖然大部分的蛋白石並沒有特別的色澤，但其中有極少數的蛋白石帶有美麗的遊彩。這類蛋白石又被稱作「貴蛋白石」，作為寶石有很高的價值。流通於全世界的貴蛋白石大半都產自南澳大利亞州。而在這

個地方發現的化石，也有不少已轉變成貴蛋白石。

蛋白石化的貝類化石[03]是最具代表性的化石。它仍保持著生前的形狀，有著乳白色的表面以及美麗的遊彩，隨著觀看角度的不同，會呈現出不同的顏色。此外，**蛇頸龍**[04]與魚龍等恐龍時代動物的骨頭和牙齒，也有轉變成貴蛋白石而留存至今的例子。其中甚至包括了重達822.5克拉的**脊椎骨**[05]。

我想變成這樣的化石！想必一定會有人這麼想吧。確實，和需要碳酸鈣這個成分才能成形的斑彩石相比，對於我們來說，因為蛋白石的寶石化在脊椎動物上已有前例，轉變成蛋白石這個方法或許比較實際可行一點。

那麼，脊椎動物的骨頭化石是如何蛋白石化的呢？這要從2008年，南澳大利亞博物館Benjamath Pewkliang等人的研究報告開始說起。Pewkliang的研究指出，由於骨頭的內部有無數個細小的空洞，骨頭化石周圍的地層內所含有的蛋白石成分的液體會漸漸滲入這些空洞中，使骨頭化石愈來愈硬，成為「蛋白石化的骨頭化石」，並不是骨頭本身變成了蛋白石。順帶一提，原本的骨頭通常會在之後溶解消失，只有蛋白石的部分保留下來。

貝殼「蛋白石化」後所形成的化石，其實當中並不包含貝殼外殼的本體，貝殼外殼會在地層中溶解消失，而地層中含有蛋白石成分的液體會流入這個空洞內，再次固化成蛋白石。

如果不要求一定得是貴蛋白石的話，日本也找得到**「蛋白石化」的貝類化石**[06]。這個化石產於岐阜縣瑞浪市，又被稱作「月亮遺留之物」。原本是一種名為維卡利亞螺（*Vicaria*）的螺類，螺類死亡後，蛋白石成分流入殼內固化，之後外殼消失，就只剩下蛋白石的部分了。

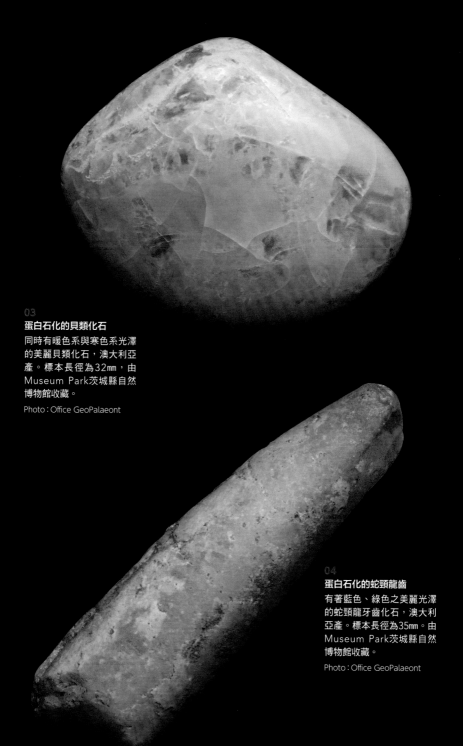

03
蛋白石化的貝類化石
同時有暖色系與寒色系光澤
的美麗貝類化石，澳大利亞
產。標本長徑為32㎜，由
Museum Park茨城縣自然
博物館收藏。

Photo：Office GeoPalaeont

04
蛋白石化的蛇頸龍齒
有著藍色、綠色之美麗光澤
的蛇頸龍牙齒化石，澳大利
亞產。標本長徑為35㎜。由
Museum Park茨城縣自然
博物館收藏。

Photo：Office GeoPalaeont

05
蛋白石化的
蛇頸龍脊椎骨

不只牙齒，連脊椎骨都
可以蛋白石化。你覺得
如何呢？感覺我們的身
體應該也有辦法變成這
樣不是嗎？

Photo：2008 The
Field Museum.
GEO86518_3026Cd
specimen no. H443

如果目標是蛋白石化，就需要找一個含有許多蛋白石成
分的地層，讓這些蛋白石成分可以流入骨頭內。世界上多數
蛋白石產地都有一個共通點，那就是離火山很近。但不知道
為什麼，南澳大利亞州的蛋白石產地附近卻沒什麼火山活
動。雖然沒有人知道詳細成因，但有人說，貴蛋白石的生
成，與該地某些特殊礦物有關。

假如你很堅持要變成貴蛋白石，可以請人把你的遺體埋
進有著這些特殊礦物的、貴蛋白石產地的地層內，應該就可
以了。經過數千萬年或1億年左右，或許就會形成外型與你
相同，或者是與你想作為化石留下的東西相同的蛋白石了。

不過，就大型脊椎動物而言，雖然有找到「身體的一部分」
蛋白石化的例子，至今卻不曾看過「全身」都蛋白石化的例
子，這點要請你先瞭解。如果成功的話，那或許就是世界上
第一個例子了。

06
螺內的蛋白石
瑞浪市產的維卡利亞螺
化石（左）中，偶爾會
出現內部含有蛋白石
（右）的化石。這種蛋
白石又被稱做「月亮遺
留之物」，聽起來很風
雅的感覺。不過這裡的
「遺留之物」，指的其
實是「大便」。
Photo：瑞浪市化石博物館

留下喜愛的樹木

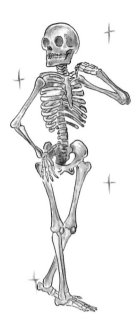

因為曾發現過蛋白石化的脊椎動物化石，故蛋白石化或許是一個還算可行的方法。但要注意的是，至今仍未發現過「全身」都蛋白石化的例子。

到目前為止，本書都著重在描述動物化石上，但想必也會有人想將植物以化石的形式留下來吧。花了許多年精心照料的盆栽、在人生最痛苦的時候療癒自己的觀葉植物、學生時代製作的各種木工藝術、伴我們走過半個人生的工作桌、留下了幼時成長紀錄的柱子……諸如此類，植物也很受人們的喜愛。

一般說來，樹木沒有像骨頭、牙齒、殼之類的硬組織，所以和動物相比，比較難留下化石。之所以可以在世界各地的地層內找到樹木的化石，常是因為各式各樣的「特殊事件」所造成，而更重要的是植物壓倒性的個體數。

如果你想將喜歡的植物或木工製品，以化石的形式留存在這個世界上，只把它埋入地底是不行的。這樣只會讓它迅速分解而已。

既然如此，那該怎麼做才好呢？如果是植物莖幹的話，是有一個理想的方法，那就是剛才提到的蛋白石化。在剛才介紹的骨頭和貝殼的例子中，我們提到「雖然失去了遺骸本體，卻能藉由蛋白石保留原本的形狀」。不過如果是植物莖幹的話，就會整個變成蛋白石。礦物化的莖幹化石，就是所謂的**矽化木**[07]。這種化石甚至留下了細胞層次的形狀，觀察它的剖面就可以看出它的組織結構，在學術上是相當珍貴的化石。

富山市文化中心的赤羽久忠和島根大學的古野毅在1993年發表論文指出，植物的莖幹之所以會蛋白石化，是因為植物體周圍的地層內所含有的矽元素成分滲入了植物組織所造成。這些矽元素會充滿植物莖幹的細胞和細胞壁等組

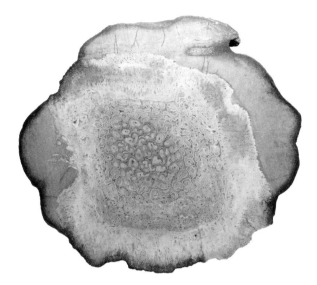

織，將細胞成分慢慢替換成以矽元素為主體的成分，最後使整個樹木蛋白石化。這篇論文中還提到，沉在富山縣某個溫泉下的倒木，就正在進行蛋白石化的過程。一

棵倒木只要花40多年左右的時間，就可以讓10～40％的組織蛋白石化。所以，要讓一棵倒木完全變成矽化木，最多也只要數百年就夠了，可說是形成速度「非常快」的化石。

　　由於並非世界各地的矽化木產地都有著和這個溫泉鄉相同的環境，故在矽化木的形成上，不能把富山縣的例子當成一般化的例子來看。不過，對於想將喜愛的植物以化石的形式留下的你來說，這可以說是個很好的提示。

如果是小型樹木，可以把它浸泡在某些特定的溫泉內，經過數十年後，也可能會變成矽化木。插圖是參考赤羽、古野（1993）的論文繪成。

黃金般的光澤

不管是斑彩石的繽紛顏色，還是乳白色蛋白石的遊彩都很美麗，但還是黃金般的光輝最能吸引人！

如果你對黃金有愛的話，這裡有個好消息要告訴你。這個世界上確實有著全身都由金色物質所打造的化石，不僅硬組織是金色，連軟組織也是金色。金色、金色，對，全部都是金色的！

說到金色標本，最有名的就是於美國紐約州的化石產地「比徹（Beecher）三葉蟲地層」發現的三葉蟲，**三分節蟲（*Triarthrus*）**[08]的化石。一般來說，三葉蟲只有殼的部分會以化石的形式被保留下來。不過，在比徹三葉蟲地層中找到的三分節蟲，不只留下了外殼，連軟組織構成的觸角和腳（附肢），以及附肢上的鰓都有保留下來。2016年還發現了另一個**體內有卵的標本**[09]，這個標本也全身都是金色的。

不過基本上，這種金色礦物並不是「黃金（Gold）」，而是一種被稱做「黃鐵礦」的硫化鐵結晶。

在英國倫敦自然史博物館的Richard Fortey的著作《三葉蟲之謎》中，有詳細說明三葉蟲的黃鐵礦化。以下將參考這本書，並補充採訪本書監修者，九州大學前田晴良教授的結果，簡單說明這種化石形成機制的假說。

由比徹三葉蟲地層可以看出，地層形成時，海底的氧氣含量較少，卻有大量的鐵和硫酸離子。

通常，要是沒有氧氣的話，負責分解遺骸的微生物就沒辦法活動，這樣的環境正好能將化石完好地保存下來。本書前面提到的索爾恩霍芬的化石（參考石板篇[(P.104~)]）也是如此。不過，在比徹三葉蟲地層那樣的沉積環境下，卻有一

群活躍的細菌，被稱作「厭氧性細菌」的它們，會從硫酸離子獲得電子（由化學式來看的話，是氧原子），而硫元素會在反應後轉變成硫化氫。溶於水中的硫化氫會再與鐵起反應，產生黃鐵礦。

就結果而言，遺骸會逐漸被厭氧性細菌分解，並被置換成黃鐵礦，或者覆蓋上一層黃鐵礦。當黃鐵礦佈滿整個遺骸時，厭氧性細菌就沒辦法繼續分解生物遺骸，使其能作為化石保存下來。

不過，並非所有在比徹三葉蟲地層內發現的三分節蟲都有留下鰓的化石，只有殼和一部分的腳黃鐵礦化的「不完全成品」才是占了壓倒性的多數。就「全身都作為化石保留下來」這層意義上而言，黃鐵礦化並不是一個很完美的方式。

順帶一提，有件事可能會讓你失望。事實上，雖然黃鐵礦有著像黃金般的光輝，卻不像黃金那麼稀少。俗稱的**愚人金**（**Fool's gold**）[10]，指的就是黃鐵礦。

如果就算這樣，你還是喜歡金色的話，就請想辦法找人把你的遺體埋在厭氧性細菌所喜歡的無氧或氧氣極少的環境，且擁有充足硫酸離子的泥巴裡面吧！也可以試著把你希望它變成化石的任何東西埋進去。不過，遺骸的軟組織部分可能沒辦法完全變成化石，請你先理解這一點，再考慮是否要挑戰成為這種化石。

還有一個重點。黃鐵礦化的化石，在被挖掘出來後需要細心保存才行。黃鐵礦中的硫化鐵容易與空氣中的水和氧氣起反應。故黃鐵礦的顏色容易暗沉、外表容易毀損，就長期保存而言，難度比較高一些。如果你的目標是成為黃鐵礦化的化石，最好也要留下留言，告訴後世的人們「存放時，請在保管盒內放入除濕劑或抗氧化劑」會比較好。

08

觸角、附肢、鰓都變成了金色

上圖為黃鐵礦化的三分節蟲（*Triarthrus*）。保留了通常不會留下來的軟組織。

Photo：Office GeoPalaeont

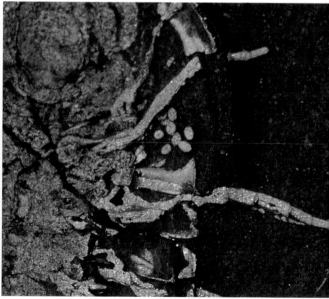

09

連卵都有留下來

左圖為另一個黃鐵礦化的三分節蟲標本。此為腹側的樣子。將靠近頭部的部分放大後可以得到右圖，圖中可觀察到小小的卵。Photo:Thomas A. Hegna

10
看得出差別嗎？
左邊是黃鐵礦，右邊是
黃金的結晶。像這樣擺
在一起的話，就可以看
出差異了吧？

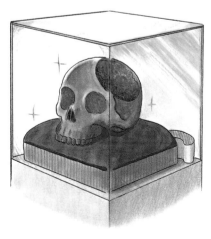

黃鐵礦容易在水分和氧
氣的影響下氧化變質，
需細心注意保存的條
件。「請和『克潮○』
之類的除濕劑放在一起
保存」或許有留下這樣
留言的必要。

10 焦油篇

〜黝黑之美〜

黑色劍齒虎

以磷酸鈣為主成分的脊椎動物骨頭，其顏色基本上是「白色」的。而這種白色會在變成化石的過程中變成各式各樣的顏色。如果你很在意變成化石時會是什麼「顏色」的話，最好先知道一下你所喜歡的化石顏色，要在什麼樣的環境下才能形成會比較好。

本章中要介紹的顏色，是美麗的「黑色」。美國洛杉磯產的**劍齒虎化石**[01]就是其中的代表。

「劍齒虎」是我們對許多擁有較長犬齒的貓科動物的稱呼，並不是特定的物種名稱或分類群名稱。英語中多稱其為「Saber cat」或「Saber-toothed cat」。日本國立科學博物館富田幸光等人所寫的《新版 滅絕哺乳類圖鑑》中，用的是「劍齒貓科」這個名字。本書為尊重一般人稱其為「虎」的習慣，一律稱這類動物為「劍齒虎」。

在包含了許多物種的劍齒虎中，知名度最高的應該是致命斯劍虎（*Smilodon fatalis*）吧。牠的頭身長為1.7 m，肩高可達1 m，是一種大型貓科動物，作為加州的「州化石」而遠近馳名。長而銳利的犬齒是牠的一大特徵，也使牠成為劍齒虎的代名詞。美國克萊門森大學的M. Aleksander Wysocki等人，在2015年發表的研究中指出，致命斯劍虎的犬齒能以每個月6 mm的速度生長，1年可以長7.2 cm，3年

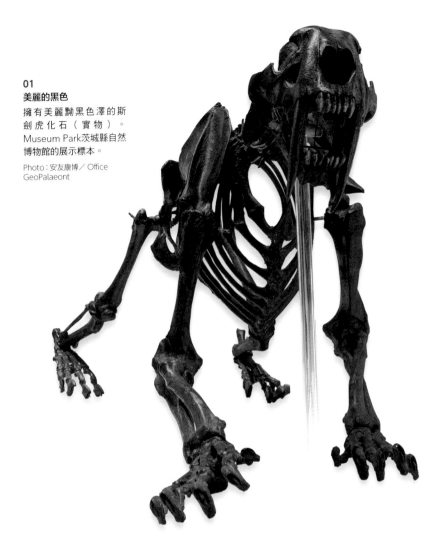

便可超過20㎝。

那麼長的犬齒到底有什麼功能呢？這個問題引起了熱烈
的討論。一如前述，雖然這對犬齒很銳利，卻沒什麼厚度，
橫向方面的強度很低。因此，一般認為這對犬齒應該是用來
「給對手最後一擊」才對，而不是攻擊對手時的主要「武
器」。

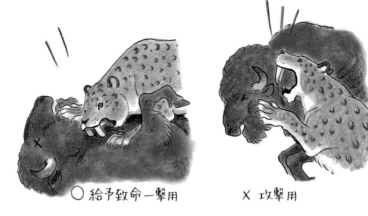

○ 給予致命一擊用　　　X 攻擊用

一般認為，斯劍虎的犬齒並不是攻擊獵物時所使用的「普通武器」，而是只有在給予致命一擊的時候才會使用。

把話題拉回顏色。在洛杉磯的拉布雷亞焦油坑發現的致命斯劍虎化石，就擁有很漂亮的黑色。不是漆黑，而是帶有濃厚茶色、感覺很有深度、像是黑檀木那樣的黑色。

拉布雷亞焦油坑除了斯劍虎之外，還發現了美洲擬獅（*Panthera atrox*）、恐狼（*Canis dirus*）哥倫比亞猛獁（*Mammuthus columbi*）、美洲乳齒象（*Mammut americanum*）等各式各樣的哺乳類化石，而且每一個化石都擁有像是黑檀木那樣的美麗顏色。「我喜歡黑色」、「想變成這樣的化石」、「想把喜歡的東西變成這樣的化石」，應該有不少讀者心中這麼想吧？本章就是寫給這樣的你看的。

呼喚著木乃伊的木乃伊

和到目前為止介紹的方法相比，像斯劍虎一樣「黑色化」的難度應該低了許多。畢竟已經有了脊椎動物的前例，而且發現的樣本數也超過100萬個了。

在拉布雷亞焦油坑內發現的化石，約是3萬8000～3萬

9000年前的生物所形成的。由拉布雷亞焦油坑博物館的網站資料可以得知，至今已確認了159種植物、234種無脊椎動物，以及231種以上的脊椎動物化石。這些豐富的成績，正是拉布雷亞焦油坑出產「黑色化」化石的最大賣點。

然而，拉布雷亞焦油坑的化石群卻有一個很奇怪的地方。通常，這種大規模的化石群都會被視為能大致重現該地區當時的生態系統。也就是說，在脊椎動物中，數量最多的應該是草食性動物，小型肉食動物的數量次之，而像斯劍虎這種君臨生態系頂點的大型肉食動物，數量應該是最少的才對。這正是所謂的生態金字塔。

不過，由該博物館的網站與《世界化石遺產》（P. A. Selden與J. R. Nudds著）一書的記載，拉布雷亞焦油坑的哺乳類化石中，掠食者居然佔了90％之多。草食性動物「古風野牛」（*Bison antiquus*）的化石總數在300個個體以上，然而，致命斯劍虎的化石總數卻在2000個個體以上。位於生態系頂點的動物，數量卻是位於生態系相對下層之動物的7倍，這可說是非常奇怪的狀況。在鳥類的化石中，約

通常生態金字塔中，愈下層的生物個體數會愈多。不過，在拉布雷亞焦油坑內所找到的化石，卻出現了上層的掠食者數量比下層的獵物數量還要多的奇怪現象。

一般的生態金字塔

拉布雷亞焦油坑的生態金字塔

有70%是可代表猛禽類的掠食者，看來拉布雷亞焦油坑的化石群似乎與一般的生態金字塔有些矛盾。

當然，化石群的數量如此分布，並不代表當時的生態系統真的也是這樣。那麼，為什麼我們會找到一大堆掠食者的化石呢？

比起草食性動物，肉食性動物比較容易留下化石……當然不是這麼回事。之所以如此，一般認為和拉布雷亞焦油坑的特殊情況有很大的關係。或者說，和前面說的「黑色」物質有很大的關係。

事實上，拉布雷亞焦油坑這個化石產地與其他化石產地不同，並不是由石灰岩等「岩石地層」組成。拉布雷亞焦油坑的西班牙語「Rancho La Brea」就是「焦油的牧場」的意思。「焦油」是指一種油狀液體，而**構成拉布雷亞焦油坑的焦油02是黏性很高的「柏油（asphalt）」**。前面提到的化石

02
黑色的「來源」
拉布雷亞焦油坑的焦油。Museum Park茨城縣自然博物館收藏的標本。

Photo：安友康博／Office GeoPalaeont

之所以是黑色，就是因為被這種柏油染上顏色的關係。

　　要是動物不小心踏入積滿柏油的坑，就會動彈不得。如果這個坑很深的話，愈是掙扎就愈會往下沉，就像沒有底的沼澤一樣。

　　對於掠食者來說，無法移動的獵物正是求之不得的獵捕對象，就算那隻無法移動的動物是自己的同類也一樣。於是牠們見獵心喜地靠近獵物，卻也被黏稠的柏油困住，陷入動彈不得的窘境。然後同樣的情境重複上演，就像「想盜走木

陷入柏油、動彈不得的動物，會吸引肉食動物聚集過來，但這些動物靠近後也會跟著陷進去，於是吸引更多肉食動物過來……。這就像日文諺語所說的：「尋找木乃伊的人變成了木乃伊。」

153

乃伊，自己卻變成了木乃伊」這句日文諺語一樣，拉布雷亞焦油坑就這樣一次製造了許多掠食者的遺骸，讓它們變成了化石。研究人員認為「異常的生態金字塔」就是這樣形成的。

這或許也是個需要考量的點。如果你想要成為這種黝黑的化石，或者想讓某些東西變成這種化石，只要使自己或想變成化石的東西沉進拉布雷亞焦油坑這樣的柏油池裡就好。不過，到了那時候，請小心「不要把其他動物捲進來」。掠食者們可能會盯上你的遺體或你想讓它變成化石的東西，而靠近這個焦油坑。為了避免「木乃伊」的數量一直增加，請選擇一個比較偏僻的焦油坑。

還留下了膠原蛋白

《世界化石遺產》一書中，整理了許多與拉布雷亞焦油坑有關的資訊。接著讓我們參考同一本書，繼續說明這些資訊。

動物們的遺骸之所以能以最佳狀態保存下來，這些堆積於此的柏油功不可沒。《世界化石遺產》中也有提到「牠們的骨頭和牙齒被石油染成了褐色，甚至接近黑色。但若不管這點的話，這些化石幾乎保留了原來的樣子」。這裡所說的「石油」，就是指柏油。

脊椎動物的骨頭主要由膠原蛋白和磷灰石組成，膠原蛋白可維持骨頭的彈性，磷灰石則與骨頭的硬度有關。一般來說，膠原蛋白在死後容易被分解消失，但拉布雷亞焦油坑內的骨頭化石，卻保留了原骨頭80%的膠原蛋白，這是個很驚人的數字。也就是說，除了變黑這點之外，骨頭的狀況

「就像是剛死亡不久一樣」。

另外，骨頭表面還殘留著神經和血管的痕跡，可以確認到肌腱與韌帶的附著位置。柏油還滲入了某些化石的頭蓋骨內部，卻因此成為保護劑，使中耳的骨頭得以留存下來。

倘若你覺得不留下內臟、皮膚等軟組織也沒關係的話，把遺體運到拉布雷亞焦油坑，然後「沉進柏油內」，可說是個值得推薦的好方法。前面有提到，這種方法擁有許多成功的「案例」。以斯劍虎為首，許多大型脊椎動物的化石，都在保存極佳的狀態下被發現。甚至還有發現人骨的例子，雖然只有一個個體。

另外，這裡還發現了人造物品，像是貝殼製的裝飾品、骨製品、木製髮夾等等。考量到這些例子，如果你有配戴眼鏡，或許也可以保持這樣的姿態變成化石喔！

若說有什麼需要擔心的事，那就是拉布雷亞焦油坑的石油物質目前正在揮發當中，柏油量正逐漸減少。如果只想保存數萬年或許還行，但是要數十萬年、數百萬年，或者比這更長的時間的話，就沒辦法保證化石一定可以保存到那個時候了。成為化石之後，假如不在乎「太早」被發現，倒是沒什麼問題，不過目標如果是被人類之後的某種智慧生命體發現的話，可能就要賭賭運氣了。

以保存狀況極佳著稱，又擁有相當多大型脊椎動物化石。如果你想要成為像P.149的斯劍虎那樣黝黑美麗的化石，可以考慮一下拉布雷亞焦油坑。

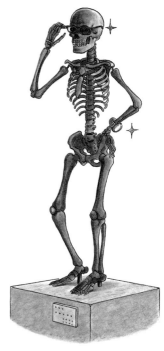

155

11 立體篇

我也能變成化石嗎？

～保持活著的姿態～

「剛釣起來的樣子」

對化石有興趣的人之中，是否也有不少人是「魚化石」的粉絲呢？如果你喜歡釣魚，釣到魚的時候，會「做魚拓」或「費點工夫製作剝製標本」作為紀念的話，不妨也考慮看看把牠「做成化石」吧！

美國綠河出產[01]的魚化石相當有名。如果你有看過我們在油頁岩篇 (P.120～) 中所介紹的德國梅塞爾坑魚化石，或許會覺得牠們有幾分相像。

常見的魚化石都有個共通的特徵，它們的外型基本上都是扁平狀的。梅塞爾坑產的魚化石，雖然一個個鱗片都被保存得很好，但整個魚化石卻是扁的。

之所以呈扁平狀的原因很簡單。與陸地上的動物相比，魚沒有堅固的肋骨，難以抵抗側向壓縮的力量。不管保存的環境有多好，最後化石都會被壓扁在母岩上，看起就像是印上去的一樣。

「唉呀，既然都釣上來了，希望這條魚能夠保持這個樣子變成化石。」假如你也這麼想的話，以下資訊對你來說應該是個好消息。

魚化石通常都是扁平的，不過有個地方卻出產了許多顛覆了這個「常識」的化石，那就是巴西。在巴西首都巴西利亞往東北約1260 km的地方，有一個名為阿拉里皮

01
「普通」的魚化石
綠河產的艾氏魚
（*Knightia*）化石。標
本長11cm，雖然連細節
都有保留下來，卻被壓
成了扁平狀。

Photo：Office
GeoPalaeont

高地（Chapada do Araripe）的地區。在這片與日本岩手
縣面積相當的廣大土地上，分布著一塊名為「聖安娜地層
（Santana Formation）」的白堊紀前期地層。而這個聖安娜
地層，便出產了許多相當少見的「立體魚化石」。

　　說到聖安娜地層所產的化石，位於東京城西大學的水田
紀念博物館大石化石美術館就有展出。有興趣的話，不妨實
際參訪看看。離那裡較近的車站包括東京Metro有樂町線麴
町站、南北線與半藏門線交會的永田町站、半藏門線的半藏
門站。從這些車站出發，只要徒步5分鐘就可以抵達大石化
石美術館。這附近有許多公寓住宅，是混合了商業與住宅建
築的區域，或許會讓你有種「怎麼會蓋在這裡？」的感覺。

　　本書獲得了館方的准許，得以拍攝一些大石化石美術館
的標本。以下將介紹幾個館內化石。

　　首先是被認為與現生鯡魚相近的**棒鞘魚**（***Rhacolepis***）
[02]。這個標本長約42.7cm，從頭部到尾巴尖端都被保存得
很好，而且很有立體感，連鱗片和魚鰭都完美地保存了下
來，就像是「剛剛才釣起來」一樣。由於挖掘出來時腹側朝

02
壓倒性的立體感！
聖安娜地層出產的棒鞘
魚化石。請和前一頁的
艾氏魚比較看看。

Photo：大石 Collection（展
示地點：城西大學 大石化石
美術館）。安友康博／Office
GeoPalaeont

上，故可仔細觀察到它的下顎部分。

　　說到棒鞘魚化石，就不能錯過另一個長為**25cm的小型
標本**[03]。這個標本少了魚鰭，在它的腹部表面還有一個破
洞。從這個破洞往內看，可以看到裡面有方解石的結晶。就
算它的外觀看起來很像「剛剛才釣到的魚」，但由方解石的

結晶可以判斷它確實是個化石。

被視為弓鰭魚近親的卡拉矛普萊弓鰭魚（*Calamopleurus*）[04]的標本也被保存得很好。這個標本的身體部分雖然變得很細，不過頭部的輪廓相當清楚，可以判斷出大概的形狀。明明身體很瘦，頭部卻很寬大，像是在強調

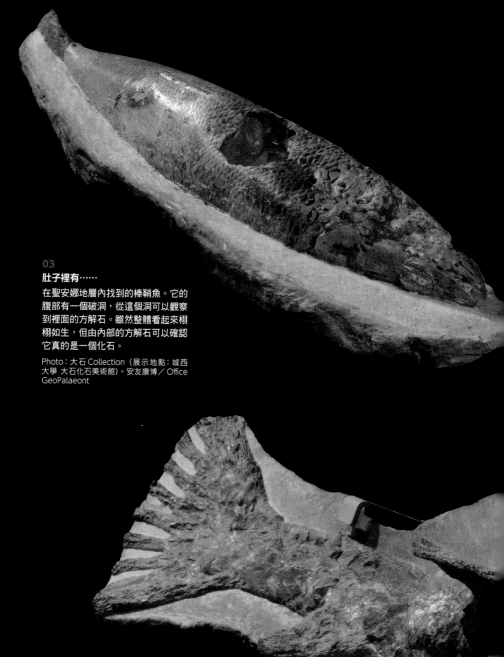

03

肚子裡有……

在聖安娜地層內找到的棒鞘魚。它的
腹部有一個破洞，從這個洞可以觀察
到裡面的方解石。雖然整體看起來栩
栩如生，但由內部的方解石可以確認
它真的是一個化石。

Photo：大石 Collection（展示地點：城西
大學 大石化石美術館）。安友康博／Office
GeoPalaeont

04
感覺好像隨時會跳起來的樣子！
在聖安娜地層內找到的卡拉普萊弓鰭魚。部分身體以立體的型態留下來，表現出躍動感。

Photo：大石 Collection（展示地點：城西大學 大石化石美術館）。安友康博／Office GeoPalaeont

05
一清二楚的鱗片

在聖安娜地層內找到的卡
拉矛普萊弓鰭魚。雖然立
體感沒那麼強，但鱗片的
保存情況……實在驚人！

Photo：大石Collection（展
示地點：城西大學 大石化石
美術館）。安友康博／Office
GeoPalaeont

自己的頭很大一樣，這種不均衡的感覺相當有趣。另外，提
到卡拉矛普萊弓鰭魚，就一定要看看另一個長達**105cm**的大
型標本**05**。雖然它的身體被壓扁了，但留下來的鱗片保存狀
況非常好，還可隱約看到凸起的脊椎。

梅杜莎現象

　　為什麼在聖安娜地層內找到的魚化石，都那麼立體呢？
英國開放大學的David M. Martill曾在1980年代末討論
這種化石的形成機制，P. A. Selden與J. R. Nudds在《世界
化石遺產》（日本於2009年出版，原著於2004年出版）一書

中也整理了相關資料。

　　這種立體化石的形成過程可以分為2個階段。

　　第1個階段中，魚的本體成分會產生變化，逐漸變成化石。這個階段的進展速度應該相當快。聖安娜地層的魚化石，連軟組織的細微部分都轉變成了磷酸鈣。磷酸鈣是脊椎動物的骨頭，也就是硬組織的主要成分，但連軟組織都轉變成磷酸鈣卻是一件很驚人的事。

　　一般來說，有些軟組織會在死後的5個小時內被細菌等微生物分解。因此，這些魚死亡後必須要在很短的時間內就開始轉變成磷酸鈣（磷酸鹽化）。每個部位需要的磷酸鹽化速度有很大的不同，某些部位在死後的1個小時內就得開始

被看到了！

梅杜莎現象

石化成結核！

磷酸鹽化，否則就會被分解消失。

　　1小時以內！連沉浸在死亡悲慟的時間都沒有。

　　這種在短時間內形成化石的現象，被命名為「梅杜莎」現象。梅杜莎是希臘神話裡的怪物，有一頭像蛇一樣的頭髮，傳說中她可以將她所看到的東西變成石頭。

　　到底是在什麼樣的環境之下，才會出現梅杜莎現象呢？

　　聖安娜地層當時所在的水域，至今仍有許多未解之謎。究竟在那個時候這裡是外海，還是與外海隔絕的內海呢？至今仍沒有一個確定的結論。如果是外海的話，應該可以在聖安娜地層內找到某些特定化石，但實際上卻沒有找到，譬如菊石。由於聖安娜地層是白堊紀前期的地層，容易留下有外殼的生物的化石，如果這裡當時是「外海」的話，按理說可以找到菊石的化石才對。另外，雖然這裡有發現鱷魚、烏龜等棲息在靠近陸地之水域的爬蟲類化石，卻沒有發現魚龍等棲息在外海的海棲爬蟲類化石。

　　這樣看來，聖安娜地層當時所處的水域應該不是外海。但事情沒有那麼簡單。因為在聖安娜地層發現的魚化石，大

多是被認為棲息在外海的魚種。因此,也有人認為這個地方本來是相對較淺的海灣,與外海基本上是隔絕狀態,不過某些時候,譬如說暴風雨使海平面上昇時,就會與外海連在一起。不過這種看法也沒辦法完全說明為什麼找不到菊石的化石,當中仍存在許多疑點。

無論如何,這個海域的水底應該有一塊高鹽度的有毒水域。當這個水域擴大時,各種魚類就會一起暴斃。突如其來的大量死亡,會使分解這些遺骸的細菌大量增生,讓這個水域內的氧氣顯著地減少。一般認為,這種環境下的水域應該會呈酸性,並促進遺骸的磷酸鹽化。這或許就是梅杜莎現象的真相。

通常就算成功地磷酸鹽化,也會因為之後沉積下來的地層過重而被壓壞。但因為聖安娜地層所產的魚化石,會被一層稱作結核的岩塊包覆(關於結核,可參考火山灰篇(P.90~)),故可保持其身體的立體形狀。

這層結核的形成,就是保存過程的第2階段。然而,這又是一個很大的未解之謎。

若想將磷酸鹽化的魚化石以立體的形式保存下來,就需要在磷酸鹽化後,迅速地覆蓋上一層結核才行。但結核的主成分是碳酸鈣,和魚化石的成分完全不同。而且,磷酸鹽化的過程在酸性環境下較容易進行,但在酸性環境下碳酸鈣卻

會溶解於水中。兩者的生成環境完全相反。

也就是說，為了讓魚化石的外層能夠形成一層由碳酸鈣構成的結核，周圍環境的酸性就不能太強。Martill認為，海底可能存在著某種特殊環境，有助於結核的形成。在《世界化石遺產》中提到，磷酸鹽化後的遺骸很有可能會釋放出氨，這些氨溶於水中時，會使周圍的環境變為鹼性，有促進碳酸鈣形成的效果。

或許各位讀者想試著挑戰成為這種化石，但遺憾的是，由於還有許多未解之謎，這種方法目前仍然難以做到。雖然前面有提到「不妨考慮把釣到的魚做成化石」……總之非常抱歉。

即使如此，假如還是想挑戰看看的話，可以先試著把魚沉到能促進磷酸鹽化的酸性環境內。不需要等很久就可以看到結果了。這個方法最棒的一點，就是在數小時之內即可看到變化。等將來釐清了聖安娜地層的化石形成機制後，要是在漁港、河岸、人造釣場旁邊，設置一個能「把你釣到的魚

把釣到的魚當場做成化石。如果急著回家的話，還可以等做好再宅配到你家。真想要這種店！

變成化石」的店面，一定會盛況空前吧。

顯微鏡底下的完整化石

　　一般來說，顯微鏡尺度的化石，大多都會以立體的形式保存下來。像是有孔蟲或放射蟲等微化石，皆擁有由碳酸鈣或二氧化矽所組成的硬殼，故可將其細微結構好好地留下。這些化石幾乎和組成岩石的微粒差不多大，甚至有些比岩石微粒還要小，並且被夾在微粒與微粒之間，使其能保留原本的形狀不被壓扁。有孔蟲和放射蟲化石的美，就留待之後有機會再提，這次我想把焦點放在軟組織所留下的微化石上。

　　基本上，就算是立體結構保存得很好的微化石，也很少能夠保留它們的軟組織。本書已經介紹過一些例子，那就是赫里福德郡的微化石（參考火山灰篇 (P.90~)）。不過，赫里福德郡的微化石嚴格來說只是「鑄型」，並沒有留下軟組織的「本體」。本章要介紹的則是，有將軟組織本身漂亮地保留下來的化石。

　　這些化石位於瑞典的內陸地區，可在維納恩湖附近的區域採集到。它們又被稱作「奧斯坦（Orsten）動物群」，這些化石保留了一般不太會留下來的眼睛、鰭和腳等構造，吸引了許多研究者的目光。

　　以下將介紹幾個代表性的物種與牠們的標本。

　　其中我認為最值得一提的，是**獨眼寒武紀古蝦**（***Cambropachycope***）[06]。它是全長略大於 1.5 mm 的節肢動物，頭部前端有「一個」大大的複眼。這種衝擊性的特徵讓人相當震撼，筆者相信牠甚至可以催生出一群新的古生物迷。牠的身體形狀與蝦子很像，有一個像槳一樣的大型附

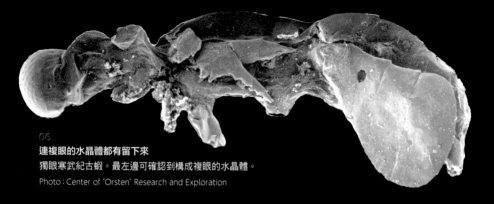

06
連複眼的水晶體都有留下來
獨眼寒武紀古蝦。最左邊可確認到構成複眼的水晶體。
Photo：Center of 'Orsten' Research and Exploration

07
複眼的附著處
哥特蝦。複眼的附著處留下了如「沙鈴」般的結構。
Photo：Center of 'Orsten' Research and Exploration

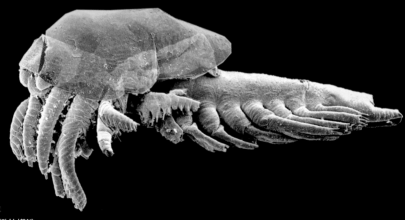

08
細緻的構造
布雷德卡里斯顎足蟲。留下了相當細緻的腳。不過，這
個圖像其實是由3個個體的化石圖像合成出來的。
Photo：Center of 'Orsten' Research and Exploration

肢，這顯示此種動物可能具有一定程度的游泳能力。

　　全長2.7mm的**哥特蝦**（*Goticaris*）[07]也相當有趣。它的頭部前端也有一個很大的複眼，而最特別的地方在於，它的複眼附著處，左右各有一個像是沙鈴般的結構。這個「沙鈴」被認為是可以感受到光的明暗的中眼（Median eye）。

　　接著介紹**布雷德卡里斯顎足蟲**（*Bredocaris*）[08]。這個被視為是後期階段的化石，全長約1.4mm左右。它的頭部受到外殼的保護，下方有眼睛與許多腳，給人一種像是戰車的感覺。

　　也不能忘了**球接子**（*Agnostus*）[09]。它是有兩個殼的動物，過去被認為是三葉蟲的近親。不過從奧斯坦產的化石看來，牠腳的形狀與比徹三葉蟲地層內所看到的三葉蟲有很大的不同（參考P.146）。因此，最近也出現了球接子「不屬於三葉蟲」的看法。不過也有人認為，由於這個球接子還屬於幼體，可能還沒出現三葉蟲的特徵，故無法輕易下結論。無論如何，因為在一般化石中很難看得到尚未脫皮、孵化的「幼體」，所以這種保存了幼體狀態的化石顯得更為珍貴。

　　再來要介紹的是**赫斯蘭多納**（*Hesslandona*）[10]。牠的化石留下了外殼與內部的各種構造。雖然看起來有點萎縮，但確實可以找到牠的眼睛。那像是抱著頭部的大顎，看起來相當可愛不是嗎？

　　不只節肢動物，奧斯坦還有被稱為「線蟲」的動物化石，那就是**謝爾歌當那線蟲**（*Shergoldana*）[11]。它是全長不到0.2mm的超小型動物，卻留下了清楚、外觀與手風琴相似的細微結構。除了這些之外，奧斯坦動物群裡還有各式各樣的微小動物，都留下了全身的樣子，種類不勝枚舉。

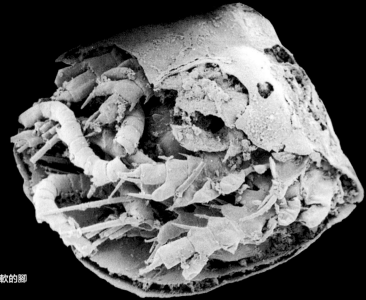

09
堅硬的殼和柔軟的腳
都有留下來

球接子（幼體）。上下的殼與中
央看得到的部分，皆為碳酸鈣所
組成的硬組織。除此之外，還可
以確認到牠的觸角和腳。

Photo：Center of 'Orsten' Research
and Exploration

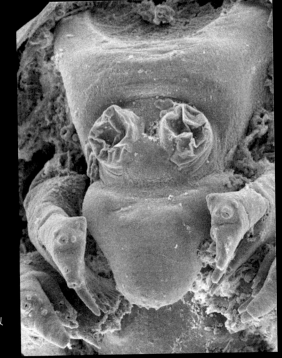

10
雖然有些萎縮

赫斯蘭多納。雖然有些萎縮，
但可以確實看見牠的眼睛，以
及其他軟組織。

Photo：前田晴良 / SEPM

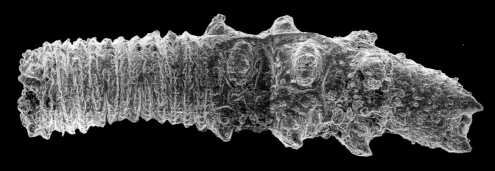

10 µm

11

連線蟲都有

謝爾歌當那線蟲。線蟲動物，也就是所謂的「線蟲」所留下的化石。

Photo：Center of 'Orsten' Research and Exploration

重點就在「穢物堆」

為什麼奧斯坦動物群的化石，可以同時保留硬組織與軟組織呢？

自1970年代發現奧斯坦動物群以來，這個問題就一直是個謎。不過2011年，本書的監修者、九州大學的前田晴良與金澤大學的田中源吾的研究團隊發表了他們的研究，為這個謎題提供解答。前田等人指出，奧斯坦動物群的化石都是在厚度僅約3cm的特定地層內發現的。而這薄薄的地層有個特徵，那就是**充滿了許多糞便**[12]。奧斯坦動物群的優質化石，是在大量糞便的包圍之下保存下來的。而這些糞便被認為是三葉蟲的產物。

前田等人認為，大量的糞便就是奧斯坦動物群的化石可以保存得那麼好的原因。糞便內的磷酸鈣可在生物體表形成一層保護層，將軟組織與硬組織一起保存下來。磷酸鈣是我們脊椎動物骨頭的主要成分，基本上是很硬的物質，不容易

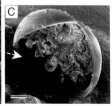

12
關鍵就在
密集堆積的糞便

左方電子顯微鏡的照片中，橢圓形與棒狀的東西都是糞便。在這堆糞便中，可以找到小型動物的化石（以○標示的部分）。將其中一個化石放大之後，可以得到右邊的圖像。圖中可看到將殼打開一半的赫斯蘭多納。

Photo：前田晴良／SEPM

被微生物分解。簡單來說，就是因為磷酸鈣能夠很快地包覆住動物的遺骸，軟組織才不會被微生物分解，而能夠保留下來。前田等人在發表這項研究的新聞稿上，稱此種保存方式為「穢物堆保存法」。像奧斯坦這樣堆滿了濃密糞便粒子的地層存在於世界各地。前田指出，若多研究這些地層，或許可以發現更多保存良好的化石。

　　筆者在執筆本書的時候，曾經試著詢問前田教授：「如果要把人類以化石的形式保存下來，最好的方法是什麼呢？」而前田的回答就是這個「穢物堆保存法」。他說：「如果不在意因此失去身為人的『某些重要事物』的話，把遺骸丟進堆肥內保存，可以說是一種很好的方法。」雖然現在的日本已經很少看得到堆肥，不過只要想辦法把遺骸丟進糞尿內，讓遺骸表面形成一層磷酸鈣保護層，或許就可以成為像奧斯坦動物群那樣的化石。既然軟組織和硬組織都有辦法保留下來，說不定連身上的衣服也會一起成為化石喔！

基於「成年人應有的常識」，我只能用這種帶有清爽感的插圖來表示。如果你想選擇這種方法的話，或許得拋棄一些「生而為人的尊嚴」。

　　不過，我們並不清楚要多少糞尿量，才足以讓產生的磷酸鈣完整包覆住一整個人。而且，就像前田教授所說的，實行這種方法時，要有失去「生而為人的尊嚴」的覺悟才行。實在是個難題。

12 岩塊篇

我也能變成化石嗎？

～岩石變成時空膠囊～

保存化石的岩塊

「結核」是一種能夠保存優質化石的典型例子，在世界各地的地層中都可以找到它們。

本書前面的章節已經介紹過，在赫里福德郡所找到的結核包裹著生存於志留紀的小小生物們（參考火山灰篇 (P.90~)），以及在聖安娜地層內找到的立體魚化石（參考立體篇 (P.156~)）。這個章節將進一步詳細介紹結核這種東西。

結核（concretion）是一種岩塊，也被稱作「團塊」（nodule）。形狀大多為球形或橢圓體，大小則各有不同，有些像乒乓球一樣小，有些則比運動會「滾大球」項目中所使用的球還要大。

就像在聖安娜地層中找到的魚化石一樣，結核內通常可以發現保存良好的化石。如果在裡面找到菊石的殼，可以發現它的細微構造也都清清楚楚，甚至有些時候還保留著過去的光澤。

另外，研究人員也在世界各地的結核內，發現了雙殼貝類、蛇頸龍類、鯨類等各式各樣的動物化石。牠們都是水棲動物，這是個重點。偶爾我們也會在結核內發現恐龍或其他陸生動物的化石，一般會解釋成「牠們在死後被沖到海裡，然後在海裡形成了結核保留下來」。

水棲動物專家在原野中尋找化石的時候，作為線索，通

常會先試著尋找結核。大多數情況下，光從結核的外觀是沒辦法看出裡面有什麼東西的。所以當發現了某個結核時，「先剖開再說」已是專家們的慣例。

　　這感覺有點像在尋寶。依照名為「地質圖」的寶藏圖，標定出可能會有化石的地層。和研究夥伴們交換資訊，慢慢篩選出哪個區域的哪個地方可能會有外露的地層。抵達現場時，找到一個結核就像是發現了一個寶箱一樣興奮，把它撬開時的緊張感更是讓人欲罷不能。

　　筆者在念大學、研究所時，曾到北海道進行野外調查，那時我也像這樣到處尋找化石。找到化石的時候，就會將發現地點記錄下來，並分析該化石與周圍地層之間的關係。大致上來說，就是這樣的研究。

　　採集行動基本上是一個人進行，不過為了確認採集狀況或指導年輕的學生，偶爾會有老師帶著兩個學生到筆者調查的原野參與採集行動。就是那個時候，我們發現了一個直徑大約 50 cm 的大型結核。

　　居然有 50 cm！這麼大的結核內，通常也會有很大的化石。裡面到底藏著什麼樣的「大人物」呢？當時所有人都相當興奮。直徑 50 cm 的岩石實在有夠重……不過，像是被打開了某個開關般的我們，一直沉浸在很 High 的情緒，根本沒去管它有多重。我們花了不少工夫，把那時挖出來的結核搬到我們停在林間小徑的車子上運回去。

「發現結核的話，先剖開再說！」這句話在化石採集界中是基本中的基本。即使是專家，在仔細檢查表面，猜測大概會有什麼之後，也會馬上剖開。因此，採集的時候就要帶齊專用的鐵鎚和工作手套等裝備。

隔天，筆者拜訪了距離最近的博物館，借到了大型鐵鎚。因為這個結核實在太大，用手持鐵鎚實在很難撬開。博物館館員教了我們一些使用鐵鎚的訣竅，但即使如此也花了不少時間，最後總算順利剖開了這個結核。

　　……裡面什麼都沒有。

　　這個結核的內部，什麼化石都沒有。

　　我到現在都還記得當時的無力感。花了那麼多的時間尋找、那麼大的力氣挖掘，好不容易才成功撬開了這個結核，「裡面卻什麼都沒有」。這種事其實一點都不稀奇，真的就像尋寶一樣。

各式各樣的結核

　　名古屋大學博物館在2017年的春天時，舉行了一個結核蒐藏企畫特展。以下將介紹其中的幾個標本，以及在獲得特殊許可後拍下的照片。

　　首先是外觀看起來像個行星般**圓圓的結核**[01]。這個結核是在宮崎縣都城市的古第三紀地層內找到的，直徑約50cm，重量約40kg，體積相當大，然而，裡面卻沒有找到化石。筆者學生時代在北海道發現的結核，大概也是這麼大。

　　結核的大小各有不同，有直徑長達50cm的大傢伙，也**有像乒乓球一樣小的結核**[02]。流經北海道中川町的天鹽川沿岸，有白堊紀時期的地層露出地表，這裡可以發現許多直徑1～2cm的結核。有的結核在剖開後，乍看之下好像沒有東西，但仔細研磨斷面，有時會發現「似乎有些什麼」。

　　在滋賀縣甲賀地區的新近紀中新世地層內，可以找到**數cm至20cm大小的結核**[03]。其中包括許多含有蟹螯或雙殼貝

化石的結核。

　　另外一個結核是在北海道三笠市的白堊紀地層內發現
的,直徑約15㎝。乍看之下只是一個「普通的結核」而
已,但仔細一看,會發現菊石外殼的一部分[04]露出結核的表

菊石的一部分

面。就算不用剖開也知道「中獎了」。筆者在學生時代也曾
經找到過類似的東西。在原野上發現這類結核時，雖然少了
推測裡面藏了些什麼的緊張感，但因為至少不是「銘謝惠

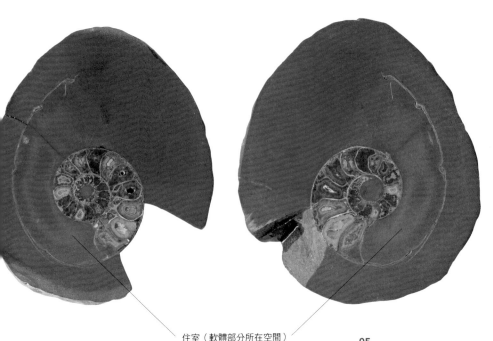

住室（軟體部分所在空間）

05
裡面的空間都被塞滿了
在英國約克郡的侏儸紀地層內所找到的結核，以鑽石刀切開後的樣子。可以看到裡面的菊石還保留著漂亮的內部結構，而且結核的成分塞滿了菊石內的每一個角落。在菊石外殼開口的地方，結核的厚度也特別厚。這個結核的直徑為11㎝，由名古屋大學收藏。

Photo：安友康博／Office GeoPalaeont

顧」，所以也讓人安心許多。

　　典型的「中獎」結核在被鑽石刀切成兩半之後，可以清楚看到標本內部的剖面結構。舉例來說，這個**含有菊石的結核**[05]在被剖開後，清楚地呈現出殼內有許多彼此相連的小房間，而最外面則有一個特別大的房間，這個最大的房間又稱做「住室」，是菊石軟體部分的所在空間。

　　這個企劃特展的標本當中，有一個標本特別吸引筆者的目光。那就是**只有在菊石外殼開口處特別膨大的結核**[06]。這是產自摩洛哥的標本，與下一節會介紹的結核形成機制有很大的關連性，請先把這個標本的樣子記下來。

　　說到結核的形成機制，就不能不提一種有趣的標本，

179

06
只在開口處形成結核！
摩洛哥的地層內採集到的、長徑約23cm的菊石化石，只有在外殼開口處形成結核。這所代表的意義是……關於這點，請你一定要參考本文的說明。由名古屋大學博物館收藏。

Photo：安友康博／Office GeoPalaeont

07
生物愈大，結核就愈大
在富山縣富山市的新近紀地層內找到的掘足動物結核。照片與實物大小相同。由此可以看出，掘足動物愈大，形成的結核也愈大，最左端的結核約3cm。由名古屋大學博物館收藏。

Photo：安友康博／Office GeoPalaeont

那就是在富山縣富山市約2000萬年前的地層內找到的**掘足動物結核**[07]。這些掘足動物並沒有整個被結核包裹住，他們的外殼尖端像動物尾巴一樣突出於結核之外。如果只有1、2個的話或許只是偶發現象，但我們在很多結核上都看到了這種現象。而且，掘足動物的化石愈大，結核也有愈大的傾向。

形成速度比想像中還要快？

大多數結核的主成分都是碳酸鈣，也就是由碳、氧、鈣等元素組成。過去人們認為，這些元素會在某些原因下聚集到沉在水底的動物遺骸周圍，經過很長的一段時間便會自然而然地形成結核。這裡說「很長的一段時間」聽起來有些籠統，過去認為需要數萬年以上的時間才有辦法形成結核。

顛覆了這個「定論」的是2015年，由名古屋大學博物館的吉田英一等人所發表的研究。

吉田等人專注於研究上一節中所介紹的富山市掘足動物結核。當他們將這些埋有掘足動物化石的結核剖成兩半時，**發現外殼的開口處剛好位於結核的中心**[08]。不只一個標本這樣，每個掘足動物標本的外殼開口都剛好在結核的中心。

於是他們便開始思考，會不會結核的材料其實就是由掘足動物的外殼開口所提供的呢？掘足動物的外殼開口處會有什麼……那就是掘足動物的軟組織了。

從這個觀點來看，就可以明白為什麼掘足動物的化石愈大，所形成的結核也有愈大的趨勢了。化石愈大，就代表當時的軟組織也愈大，形成結核的材料當然也愈多，自然會形成比較大的結核。

08

位於結核的中心

用鑽石刀將掘足動物的結核與周圍的母岩一起切成兩半後的樣子。由此可以看出，掘足動物的外殼開口正好位於結核的中心。

Photo：安友康博／Office GeoPalaeont

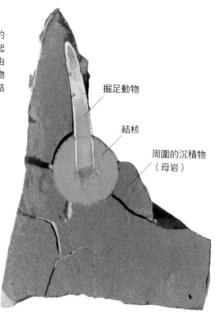

掘足動物

結核

周圍的沉積物（母岩）

切開前的掘足動物結核

掘足動物有另一個名字叫做角貝，正如其名，是有「角」的貝類，會將自己固定在海底的泥沙內生活。目前仍有現生種，可比較、討論它們軟組織的含碳成分及結核的含碳成分。

軟組織含有可作為結核材料的碳和氧元素。因此吉田等人指出，結核內的含碳成分與現生掘足動物之軟組織內的含碳成分相同。

順帶一提，構成掘足動物外殼的含碳成分，與溶解在海水內的含碳成分相同，然而軟組織的含碳成分卻有所不同。含碳成分也有分很多種。由這樣的結果可以知道，形成結核時所使用的材料並不是「外殼」。再說，如果形成結核時需

要用到動物外殼當作材料的話，那結核裡化石的外殼部分應該會空空如也才對，這和結核內的化石都保存良好這點互相矛盾。

如果形成結核的材料是軟組織，那麼沒有硬組織的動物應該也能夠形成結核才對。前一節中我們介紹了都城市內所發現的大型結核，以及在中川町內發現的小型結核。事實上，我們雖然沒有在裡面找到骨頭或外殼，但分析結核的成分之後，卻發現結核內含有源自於生物軟組織的含碳成分。順帶一提，分析結果顯示，在都城市發現的那個結核，含有一整隻越前水母的碳量。雖然找不到骨頭和外殼等硬組織，卻也不是一無所有。……這麼說來，筆者在當學生時發現的那個「大得不像話，裡面卻什麼都沒有的結核」或許也一樣。如果把它帶回大學內進行化學分析的話，說不定會有什麼新的發現。實在是相當可惜。

接著，請回憶一下我們在 P.180 中介紹的、在摩洛哥發現的菊石化石。想起來了嗎？這個菊石化石只有在外殼開口的部分有結核。結核僅限於外殼開口處，正好能解釋形成結核的原料就是來自這個地方。或許是某些意外中斷了結核的形成過程，才讓它沒能形成可以包覆全身的結核；或者是這個個體的軟組織太小……。

除了碳與氧之外，鈣也是結核的主要成分之一。海水中溶有許多鈣離子，沉在水底的軟組織在腐敗後，其內部的碳和氧等成分會逐漸與海水中的鈣離子起反應，形成結核。而作為碳與氧之供給來源的軟組織用完後，結核的形成也會停下來。

但這會產生一個疑問。如果結核的材料是動物的軟組織，那麼結核的形成應該不太可能會花上幾萬年才對。若是

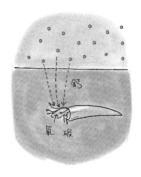

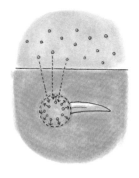

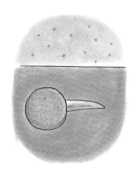

海水內的鈣會與軟組織內
的碳酸根離子（含有碳與
氧的物質）產生反應。

形成結核。

軟組織用完後，便
會停止形成結核。

像永凍土那樣整個被冰凍起來，也就是「把時間凍結在這一
刻」的話倒還另當別論，不過結核是在海底的泥巴內形成
的，動物遺體的話就不太可能在海底經過數萬年後還不會腐
敗、分解。

　　吉田等人由結核的剖面結構，以及生成碳酸鈣的反應速
度等等，成功計算出形成結核所需要的時間。由他們計算的
結果可以得知，直徑10㎝的結核大約只需要1年左右就可
以完成。就算是直徑2ｍ大的巨大結核，大概也只需要10年
左右就可以完成。和人們過去的認知比起來，這些結核可說
是在很短的時間內就可以「瞬間」形成。

用泥土包覆住後沉至水底

　　如果前一節的描述是正確的話，用這個方法形成化石或
許不像之前所認為的那麼難。如果想成為這種化石，只要用

你遺骸的軟組織作為結核的材料就可以了。不需要特地去尋找本書至今為止提過的各種「特殊環境」。

不過，要形成結核，卻也不是「請人在你死後直接把遺骸沉到海底就好」那麼簡單。要是這麼做的話，各種魚類與其他動物就會把你的遺骸咬得亂七八糟。就算沒有會啃咬屍體的魚類等動物，腐敗、分解的過程中所釋放出來的碳、氧元素也會直接在水中擴散。若希望遺骸能形成結核，就必須讓碳、氧元素停留在遺骸周圍，使其能在遺骸周圍與鈣離子起反應。

如果不想被魚類咬得亂七八糟，也不希望遺骸在腐敗、分解的過程中釋放出來的物質散逸在海裡的話，就必須用海底的泥土把遺骸埋起來才行。含水量愈高的泥土愈好，譬如像黏土那樣的就很適合。或許在把遺骸沉進海底前，先用黏土包裹住全身會比較好。

順利的話，你的軟組織就會被當成材料，開始形成結核。當軟組織用完之後，結核的形成也會終止。本章中介紹的都是無脊椎動物的結核，不過脊椎動物中的海棲哺乳類也有形成結核的例子。像是鯨魚或海豚頭部有一個名為「腦油」的組織，所以牠們的頭部相對容易以結核的形式被保存下來。

體內含有愈多有機物質，就可以形成愈大的結核。從這個角度來看，與較瘦的人相比，較胖的人應該可以形成較大的結核。換言之，愈胖的人，愈有可能把全身保留下來。因此想減肥的人就NG了。順帶一提，過度減肥的話，也會對骨骼造成傷害。因此，不管你是否要以結核的形式留傳後世，若你希望成為化石，建議你不要任意減肥。

用這種方法變成化石，衣服能否一起留下取決於它的材

若想被結核包裹住的話

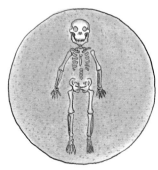

為了不讓碳、氧等元素擴散至水中，要先用泥土包裹住全身。

把遺骸沉進海底。盡可能選擇沒有海流的海域，並祈禱不會被動物襲擊。

順利的話，軟組織便會作為材料，慢慢形成結核，或許有機會把全身都覆蓋住。

質。不過，如果是眼鏡或戒指等無機物小東西的話，被保存下來的可能性就相當高了。只要把它們穿戴好，不要讓它們脫離身體，就很有可能會留在結核裡面。

而沉沒的地點，可以選在海底，沒什麼水流經過的地方。像是遠洋之類水深較深的地方等等。

一旦形成結核，就會變成一個堅固的時空膠囊。因為結核通常會比周圍的地層還要硬，沒那麼容易被破壞，而且還可以隔絕內外環境，防止化學成分在結核內外之間移動。

接下來只要等待適當的時機，從海底打撈上來，再把結核剖開就可以了。而且也不需要等太久，因為結核的形成速

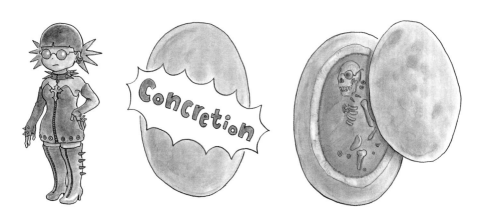

來，進到岩石裡面吧！如果要用結核來保存你的身體，可以考慮在戴著眼鏡和飾品等小物件的狀態下成為化石。這樣或許就能變成一個很有型的化石喔！順帶一提，過去曾發現過鯨魚頭骨所形成的結核，尺寸達2m左右。人類的話，或許會形成與之相當，或者比這更大的結核。

度相當快。剖開結核後，就可以看到拿掉軟組織後的你。

番外篇

～無法重現的特殊環境？～

不論軟硬皆有很高的保存率

位於加拿大的伯吉斯頁岩內，可以找到約5億500萬年前的海洋動物化石，而且硬組織和軟組織都有被保留下來。這個地層裡含有許多古生代寒武紀的化石。

伯吉斯頁岩在科學史上是一個相當有名的地層。古生代寒武紀，是目前能夠挖掘出大量生物本體化石最早的年代，伯吉斯頁岩則為這個時代的動物生態留下了鮮明的紀錄。如果美國的古生物學家查爾斯·沃考特（Charles Walcott）沒有在1909年發現這個化石地層的話，我們或許會更晚才瞭解到寒武紀的重要性。

伯吉斯頁岩內的化石，同時保存了硬組織與軟組織。擁有硬殼的動物，像是以**愛爾納蟲**（*Elrathia*）[01]、**奧藍得三葉蟲**（*Olenoides*）[02]為代表的三葉蟲類，以及**迪拉佛拉**（*Diraphora*）[03]等腕足動物，在其他地區也可以找得到不少類似的化石。另外，還保存了**奧托蟲**（*Ottoia*）[04]之類的蠕蟲狀動物，和**齒迷蟲**（*Odontogriphus*）[05]等軟體動物的化石。而像**馬爾三葉形蟲**（*Marrella*）[06]、**直鐮殼蟲**（*Orthrozanclus*）[07]、**微瓦霞蟲**（*Wiwaxia*）[08]等生物的身體，甚至還保留了 μm（微米）等級的細微結構，也有人認為這些化石說不定也留下了結構的顏色……或許不少讀者看到這些劈哩啪啦出現的一大堆學名，會覺得滿頭問號吧？

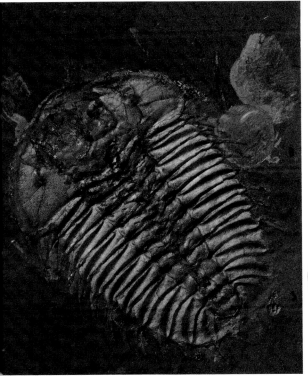

01
愛爾納蟲
一種三葉蟲。殼很硬。
Photo：ROM, Jean-Bernard Caron

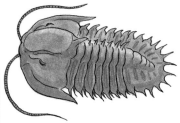

02
奧藍得三葉蟲
一種三葉蟲。殼很硬。
Photo：ROM, Jean-Bernard Caron

03
迪拉佛拉
一種腕足動物。這種動物的殼也很硬。
史密森尼國立自然史博物館收藏標本。。

Photo：Jean-Bernard Caron

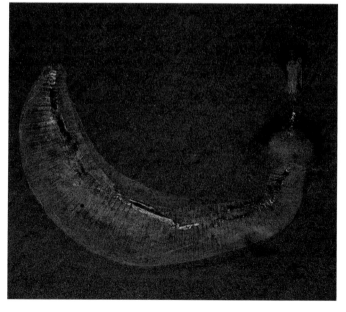

04
奧托蟲
一種鰓曳動物，全身都很柔
軟。

Photo：ROM, Jean-Bernard Caron

05
齒迷蟲
一種軟體動物。
當然，身體很柔軟。

Photo：ROM, Jean-Bernard Caron

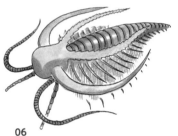

06
馬爾三葉形蟲
角的細微結構有著彩虹般的光澤。

Photo：ROM, Jean-Bernard Caron

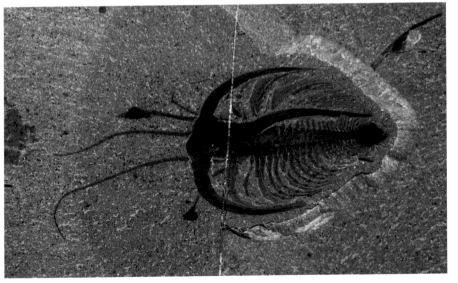

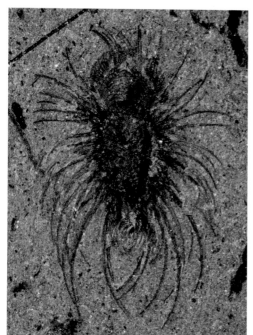

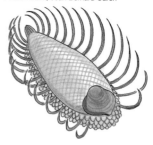

07
直鐮殼蟲
全身鱗片的細微結構都有著彩虹般的光澤。

Photo：ROM, Jean-Bernard Caron

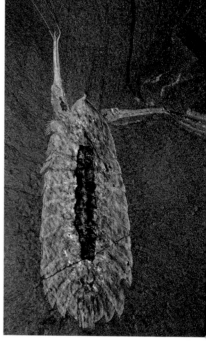

08
微瓦霞蟲
全身的細微結構都有著彩虹般的光澤。

Photo：ROM, Jean-Bernard Caron

09
林橋利蟲
化石編號為ROM54215。身體中軸的黑色塊狀物被認為是胃內容物。

Photo：ROM, Jean-Bernard Caron

   番外篇

請看看這些化石的照片與插圖，先有個
「原來還有這種化石啊」的概念就好。

　　在伯吉斯頁岩找到的標本中，保存得最好的一個是
2002年由英國劍橋大學的Nicholas J. Butterfield所發表的、
全長數cm的節肢動物**林橋利蟲（*Leanchoilia*）** 09。看起來
給人一種裝甲車的感覺，有個一節節、矮矮胖胖的外殼。值
得一提的是，它的頭部前方有兩個「手臂」，手臂尖端則與
長長的鞭狀結構相連。

　　掛上了標本編號ROM54215的這個化石，除了保留上
述林橋利蟲的特徵之外，壓它的身體中軸部分，還可以感覺
到裡面有軟軟的物質。這種質感與外殼不同，也和周圍的
母岩不同。而且其他標本如ROM54214、ROM54211等，
也確認到了同樣的質感。Butterfield認為這屬於「胃的內容

10
庫特尼剛毛蟲
整個化石（左）、另一
個標本的頭部放大圖
（中央），以及用特殊
顯微鏡觀察到的神經系
統分布（右）。

Photo：（左・中央）ROM,
Jean-Bernard Caron（右）
Sharon Lackie, University of
Windsor

物」。

2018年，加拿大多倫多大學的Karma Nanglu與皇家安大略博物館的Jean-Bernard Caron，發表了庫特尼剛毛蟲（*Kootenayscolex*）[10]的標本，並將其視為環節動物（沙蠶的近親。是一種容易讓看的人覺得毛骨悚然的動物）的一個新的屬。他們在這個標本上確認到了神經系統。

不只留下了硬組織、軟組織，也留下了胃的內容物，甚至連神經系統都有。或許有些讀者會想要成為這樣的化石吧。

有時會被搬到很遠的地方

伯吉斯頁岩的「頁岩」，是一種由泥土堆積而成的岩石。如同「頁」這個文字的意思，假如從某個特定方向敲打這種岩石，可以輕而易舉地將其削成薄片狀。在這層意義上，和石板篇 (P.104~) 中所介紹的索爾恩霍芬石灰岩有異曲同工之妙。

不過，埋藏於索爾恩霍芬石灰岩與伯吉斯頁岩的化石有個決定性的不同，那就是動物的姿勢。

索爾恩霍芬石灰岩的化石，動物多以自然倒下的姿勢被夾在石灰岩之間。舉例來說，蝦和菊石是橫向躺著，始祖鳥則是九十度側面或正面躺著。這些動物都是以「面積較大」的面朝上的姿勢被保留下來，換句話說，就是沉在海底的姿勢。

另一方面，伯吉斯頁岩的化石**姿勢與身體的方向是隨機的**[11]。有些個體是側面朝上，有些則是正面朝上，也有的個體是背面或底面朝上。這點和索爾恩霍芬的化石不同，並不

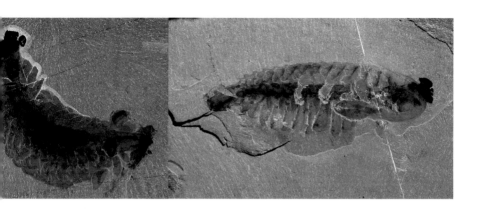

是所有個體都以「面積較大」的那一面朝上變成化石。

在古生物的復原過程中，這些隨機的姿勢給了我們很大的幫助。即使是被板狀岩石壓扁的化石，若找得到各種方向姿勢的標本，就有辦法推測出它們過去的姿態，和所謂的「三面圖」意義相同。

從研究化石生成過程之化石形成學的角度來看，這些姿勢隨機的化石告訴了我們一件很重要的事，在專業術語中稱作「異地性」。

就像字面上的意思，異地性指的是「不同地點」的意思。它討論的是，動物在死後移動到其他的地方變成化石，或是在變成化石之後被移動到別的地方。在這一點上，伯吉斯頁岩的化石與本書前面所介紹的各種化石礦脈的情況有很大的不同。比方說，洞窟篇 (P.32~) 所提到的化石，就是在被發現的洞窟內死亡的；而永凍土篇 (P.46~) 的化石，也是在被發現的地方死掉後，被永凍土掩埋而成為化石。

伯吉斯頁岩內埋藏的動物，是被泥流從原本生存的地區

11
各式各樣的角度
這是歐巴賓海蠍（*Opabinia*）的化石。有的保存了它的背面（左，皇家安大略博物館收藏），有的則保存了它的側面（右，加拿大地質調查部收藏）。

Photo：Jean-Bernard Caron

195

被亂泥流沖走……

伯吉斯頁岩層內的化石，
並不是在那個地方死亡
的。它們原本生存在淺海

遭亂泥流捲入

被帶到另一個地方保存下來

帶到其他地方變成化石的，所以它們才會有隨機的姿勢。

原本這些生物生存在氧氣含量豐富的淺海，而這個淺海的邊緣可能是一個直達深海的海底斷崖。

某些原因使這個斷崖底下的海底地層突然崩落，這個崩落產生了一陣夾帶泥土的水流，又叫作亂泥流，像雪崩一樣把各種動物捲進來，一起沖進深海。於是這些動物被沖下來的泥土掩埋，使它們的遺骸就這樣沉積在深海海底。

崩落與亂泥流所產生的急速掩埋作用保護了動物的屍體，使其不至於被細菌等微生物分解。而這些動物最後被沖到的地方是缺乏氧氣的海底，這也幫了大忙。想必這種地方不大可能會有吃動物屍體的生物吧。

另外，一起被沖下來的泥土，似乎也在化石的形成過程中起了很大的保護作用。雖然從照片上看不太出來，但如果把伯吉斯頁岩化石的母岩拿起來從不同角度端詳，就可以看到一閃一閃的光澤。這是含有鈣與鋁的礦物所產生的「皮膜」反射。在許多文獻中皆有提到，泥土中的這些礦物可能會在動物遺骸的外側形成一層保護膜。

被亂泥流的泥巴迅速覆蓋，以及被沖到低氧的環境裡，

？ 番外篇

12
撫仙湖蟲
頭部黑黑的部分有留下
神經系統。

Photo：馬曉婭

這兩點被認為是動物化石能完整保留下來的原因。

神經和腦都有留下來

　　說到寒武紀的化石，除了伯吉斯頁岩外，中國澄江約
1000萬年前的沉積地層內的化石也廣為人知。澄江的化石
不僅和伯吉斯頁岩一樣，遺骸以隨機姿勢沒在地層內，而
且還找到了相當多保存良好的化石。

　　其中特別值得一提的是，研究人員們甚至確認到了這些
古生物的神經系統。雖然在伯吉斯頁岩的化石內也有找到神
經系統，但澄江化石的神經系統更為「鮮明」。

　　2012年在中國雲南大學的馬曉婭等人所發表的研究報
告中提到，他們在**撫仙湖蟲（*Fuxianhuia*）**[12]的化石內找到
了殘留下來的腦與視神經系統。撫仙湖蟲有一個盾狀頭部，

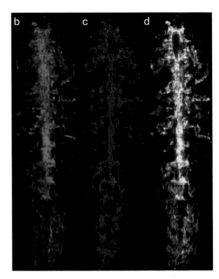

13
始蟲

化石的照片（a）與分析
這張照片後製作出來的
圖片（b、c、d），藉此
觀察神經系統。b、c、
d圖片中的螢光部分，
就是殘留下來的神經系
統。

Photo：2013 Tanaka.et.al

有節的胸部與尾部，是一個全長約11cm的節肢動物。在馬
博士等人的分析下，發現撫仙湖蟲的腦與視神經結構與現生
的蝦、蟹等動物，以及昆蟲類動物非常相似。

　　2013年金澤大學的田中源吾（當時任職於群馬縣立自
然史博物館）等人發表了還留有視神經系統與中樞神經系
統的**始蟲（*Alalcomenaeus*）**[13]化石。這是一種擁有葫蘆形
雙眼，全長約6cm左右的節肢動物，擁有很長的觸手（附
肢）。田中等人的分析結果指出，始蟲的神經系統為節肢動
物中相當特殊的梯形神經系統，可能是現生的蠍子、鱟等動
物的近親。

　　再介紹一個例子吧。2014年，雲南大學的叢培允
等人發表了**里拉琴奇蝦（*Lyrarapax*）**[14]的腦神經系
統。里拉琴奇蝦被認為是君臨當時生態系之頂點的奇蝦
（*Anomalocaris*）的近親。撫仙湖蟲和始蟲都擁有類似某種
現生動物的「複雜神經系統」，不過里拉琴奇蝦的腦神經系
統就原始了許多。

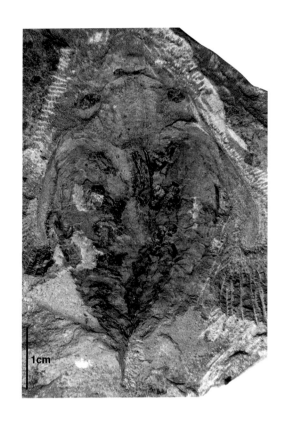

14
里拉琴奇蝦
奇蝦類動物的一種。黑黑的部
分就是殘留下來的神經系統。

Photo：Peiyun Cong Xiaoya
Ma, Xianguang Hou, Gregory D.
Edgecombe & Nicholas J. Strausfeld

寒武紀約在5億1500萬年前，那個時代的動物發展出
了多樣化的神經系統，這在演化史上頗為耐人尋味。即使像
本書一樣，從化石形成學的角度來看，也會認為這相當值得
關注。畢竟，在較晚的時代所留下的化石幾乎都不會留下神
經系統。

當時的獨特環境不再……

伯吉斯頁岩內的化石，大多是比手掌還要小的無脊椎動
物化石。然而我們並不清楚大型脊椎動物是否也能在同一個
環境下，以同樣的狀況被保存下來。是會像其他動物一樣被

壓扁後保存呢？還是能在保持立體結構的情況下，將軟組織與硬組織都以理想的形式保留下來？我們無從得知。如果要做實驗的話，只能把遺骸丟到容易發生亂泥流的海底，等待亂泥流發生後，再看看被搬到深海裡的遺骸會發生什麼事了。

另一方面，澄江的化石與伯吉斯頁岩的化石有些許不同。伯吉斯頁岩的化石會以各式各樣的姿勢被保存下來。相較之下，澄江所保存的化石，面積較大的那一面通常會平行於地層平面。因此我們可以知道，澄江化石的遺骸並不是被亂泥流帶到該處，故而沒有經歷過劇烈的移動過程。

日本2008年出版的《澄江生物群化石圖譜》（X. Hou 等人著。原著於2004年發行）中，整理了澄江的動物變成化石的過程。澄江的化石除了前一節介紹的神經組織之外，也保存了附肢等軟組織。該書以此為依據，說明當時澄江的海底可能處於氧氣不足的狀態。本書的石板篇 (P.104~) 內所提到的化石，也是在無氧環境下形成的。因為沒有氧氣，所以分解軟組織的微生物也無法生存於此，使生物遺骸能夠保存下來。無氧氣環境在某種意義上，可以說是留下優質化石的「必備條件」。

不過，我們在石板篇中也有提到，這種無氧環境並不是「無止盡且開放性地存在的」。如同前述，一般認為澄江的化石「與原本生活的區域並沒有離得很遠」。直到死前，它們一直生活在此處，換言之，這個地方有充足的氧氣供生存所需。因此，《澄江生物群化石圖譜》一書認為，這些生物之所以會死亡，是因為沉積物突然沖入海底，迅速埋住各種動物；或者是含氧量極低的海水流入，使這些動物突然間死亡。

可是，如果只是在無氧環境下保存，那麼和在石板篇中介紹的索爾恩霍芬化石，或者其他類似化石的形成過程應該差不多才對，為什麼只有澄江的化石有留下神經組織呢？沒有人能回答。與伯吉斯頁岩的例子不同，若想重現澄江化石的情況，目前的資訊還是太少。

　　另外，如果你想成為「伯吉斯頁岩類型」的化石，或者是「澄江類型」的化石，這對你來說可能是個壞消息。事實上，有人認為，現代的海中已經不可能再出現這種等級的化石了。美國波莫納學院的Robert R. Gaines等人分析了伯吉斯頁岩與澄江的地層，研究其化石保存機制，並於2012年發表了相關研究。

　　Gaines等人除了再次強調遺骸必須被細小的沉積微粒迅速掩埋、阻絕氧氣的重要性等條件之外，亦提出當時的海水成分可能也是化石之所以能保存得那麼完整的原因。他們認為，寒武紀的海水有許多特徵，像是硫酸成分相當少、鹼性相對較強之類的。

　　如果這些論點正確的話，在目前的海洋環境底下，就算被亂泥流捲入、被沖到沒有氧氣的深海，也不會形成由礦物組成的皮膜，因此，或許不會形成像伯吉斯頁岩化石那麼完整的化石。至於澄江的化石，因為資訊太少，無法進行實驗重現。

　　實在相當可惜。

另類的後記

～為了後世的研究者～

最好能留下「頭部」

本書介紹了許多「變成化石的方法」。如果其中有哪個方法讓你產生興趣，那麼筆者也算是達成了寫下本書的一個目的了。

如果你真的像書中所介紹的方法那樣成為了化石，並被後世人類或某種智慧生命體發現的話，應該能夠成為他們的研究材料吧……而這應該會屬於人類學方面的研究。因此最後，就讓我們來聽聽專家們的意見，說明如何「將人類以化石的形式保留下來」吧！

我們人類全身上下共有200多個骨頭。如本書前面的內容所述，像人類那麼大的動物假如想留下全身化石，就必須湊足許多難度相對較高的條件才行。若我們可以選擇優先讓某個部位留下化石，或是只能從全身各部位中選擇一個地方變成化石，應該要挑身體的哪個部位才好呢？

隸屬於日本國立科學博物館人類研究部、一直進行人類化石研究的海部陽介先生斷言：「應該要選擇頭骨。」

雖然都叫作「人類」，卻包含了相當多的物種，像是地猿（*Ardipithecus ramidus*）、南方古猿（*Australopithecus afarensis*）、巧人（*Homo habilis*）、直立人（*Homo erectus*）、尼安德塔人（*Homo neanderthalensis*）等。現在

講到「人類」，通常只代表智人（*Homo sapiens*），不過過去和我們親緣關係相近的人屬動物，前前後後共有10種左右。而為這些人類分類時的重要依據，就是在於頭部。

人類這種物種是以頭部來定義區分的。反過來說，如果化石沒能留下頭部，那麼被挖掘出來時，雖然也有可能被分類在智人這個物種之下，但仍有些不確定性。

人類的頭部含有許多分類時所需要的資訊，譬如牙齒。由於牙齒被琺瑯質覆蓋住，很容易形成化石。由牙齒的形狀可以大致推測出生物的主食是葉子、昆蟲，還是雜食性動物。另外，經過化學分析後，還可以知道生物的食物中，肉、C3植物（稻、小麥、大豆等）、C4植物（甘蔗、玉米等）、淡水魚、海水魚的比例分別是多少，而且分析結果相當準確。

倘若有留下頭蓋骨，還可以知道該生物的腦有多大。雖然腦的大小不一定直接等同於「聰明程度」，但「腦容量」確實是一個重要的根據。後世的人類，或者是其他智慧生命體，或許會從我們的頭蓋骨化石推測出我們的腦容量，並與他們自己比較，衍伸出許許多多的討論。

露西的「誤導」

至今已知的人類化石中，說到最著名的標本，**露西**[01]想必會是其中之一。這個標本編號為「AL-288-1」的個體，是1974年於伊索比亞境內、約320萬年前的地層中發現的南方古猿。之所以會有「露西」這個暱稱，是因為挖掘現場的錄音機播放著披頭四的名曲《Lucy in the Sky with Diamonds》。

露西被發現時，是已知的猿人化石中保留了全身最多重要部位的人類化石。即使到了現在，仍是人類化石中保存率相當高的化石之一，包括頭骨，雙手，肋骨、骨盆、雙腳等各個部位都有被保留下來。

　　就單一個體的人類化石而言，因為露西留下了許多部位，讓我們瞭解到南方古猿的各種特徵。譬如說，和智人相比，南方古猿擁有較長的手，這就是一個很重要的特徵，因為化石手部的骨頭和大腿骨都有被保留下來，我們才得以藉由比較兩者的長度，瞭解到這個特徵。

　　露西的發現，讓我們對南方古猿的瞭解有了大幅度的進展。前一節中提到，就「單一部位」來說，可以保存頭骨的話是最好的。當然，如果能把全身都保留下來的話那當然就更棒了。

　　基本上，由於露西全身的保存狀況好得非常驚人，所以他常被當作南方古猿的代表，身上的特徵也被視為南方古猿的特徵。身高與體重就是典型的例子。推測露西的身高約1m，體重約30kg，身高比5歲的日本孩童略矮，體重則接近小學3年級生的平均值，是一個個頭很小的個體。

　　然而，這是南方古猿的最小值。在露西之外，研究人員們也發現了身高1.5m、體重超過40kg的個體，這個數值與日本小學6年級生的平均值相當。5歲孩童和小學6年級生，給人的印象應該差很多吧。

　　這裡想說的是，拿露西的例子來說，如果只保留單一個體的話，作為物種的資訊仍然不夠充分。對於未來的智慧生命體來說，假如他們想好好認識智人這個物種，只靠1個人的化石是不夠的。留下愈多個體，就愈能比較出個體之間的差異，不僅可以辨別出性別，也就是雌雄個體的外型差異，

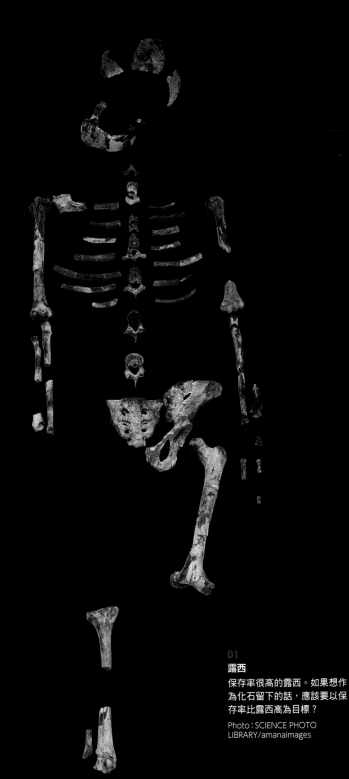

01
露西
保存率很高的露西。如果想作
為化石留下的話，應該要以保
存率比露西高為目標？

Photo：SCIENCE PHOTO
LIBRARY/amanaimages

也可以瞭解智人這個物種的體格大概是什麼樣子，說不定還有辦法知道智人的社會結構。海部先生說：「可以的話，盡可能留下團體的化石會比較好。」

不要做「多餘的事」

盡可能留下團體的化石比較好。雖說如此，但如果個體之間靠得太近，骨頭就容易混在一起，這樣反而是個麻煩，讓人不容易區分出哪個骨頭屬於哪個個體。在變成化石的時候，一定要注意不同個體間的位置關係。

在變成化石之後，可能還要過上一段時間才會被發現。若能留下DNA（而且，後世人類或其他智慧生命體有分析DNA的技術的話），可以傳遞的資訊就更多了。不過，如果想留下DNA，就必須在溫度低到一定程度以下的區域內變成化石。海部先生說，在印尼等溫暖地區找到的人類化石中，DNA大多都已經壞光光了，無法分析。在以酸性土壤為主的日本列島上，大概也很難找到能以自然狀態保存DNA的化石。當然，絕對不能用火葬。燒過以後，骨頭會變得破破爛爛的，幾乎無法留下任何資訊。

要留下什麼樣的陪葬品呢？這個問題似乎沒那麼重要。海部先生說：「從研究者的觀點來看，『什麼陪葬品都沒有』也是一項很重要的資訊。」

順帶一提，當我問海部先生「作為一位人類學家，如果有人想要變成化石，你想對他說些什麼？」時，他一邊苦笑一邊這麼回答我：「希望他們不要做多餘的事，不要做太特別的事。因為這樣會誤導研究方向。」

在從來沒去過的地方變成化石，或是把過去從來不曾擁

有過的東西當成紀念品，讓它們和自己一起變成化石……這種很「特別」的事，只會讓研究人員感到混亂而已，請避免做出這種事。無論如何，「日常」才是最好的。

那麼，既然講完了最後的建議，在此就來為本書做一個結尾吧！

這實在是一個有些奇怪的思考實驗，你覺得如何呢？想像自己或自己所重視的東西在長年累月之下轉變成化石，然後在遙遠的未來被其他人發現。讓這樣的想像更為具體、更為科學化，就是以「享受知識的樂趣」為目標的這本書想講的事。如果你將來想變成化石，想嘗試各式各樣的方法，請一定要特別注意，絕對不要違反本書一開始所提到的各種法律喔！

參考資料～給想知道更多的你～

執筆本書時，我參考了以下文獻。其中，有日語翻譯版且容易取得的書，我也列出了日語版本的書名。另外，我也參考了許多由專業研究機構、研究人員、類似的組織，以及個人所經營的網站。要特別注意的是，我所參考的資訊僅為執筆本書時這些網站上的資訊。

※在本書中登場的年代數值，若無特別說明的話，皆是使用
International Commission on Stratigraphy, 2017/02, INTERNATIONAL STRATIGRAPHIC CHART
的數值。

【1 入門篇】
《一般書籍》
『恐竜解剖』著：クリストファー・マクガワン，1998 年刊行，工作舍
『古生物学事典 第 2 版』編纂：日本古生物学会，2010 年刊行，朝倉書店
『Fossils in the Making: Vertebrate Taphonomy and Paleoecology』著：Anna K. Behrensmeyer，
　　Andrew P. Hill，1988 年刊行，University Of Chicago Press
『Taphonomy: A Process Approach』著：Ronald E. Martin，1999 年刊行，Cambridge University
　　Press
《雜誌報導》
『あなたが「化石」になる方法』Newton，2017 年 6 月号，p118-125，ニュートンプレス
《網站》
業種追加の検討「動物の死体火葬・埋葬業者」について，環境省，http://www.env.go.jp/
　　council/14animal/y143-08/mat01.pdf
刑法（明治四十年法律第四十五号），e-GOV，http://law.e-gov.go.jp/htmldata/M40/M40HO045.
　　html
墓地、埋葬等に関する法律（昭和 23 年 5 月 31 日法律第 48 号），厚生労働省，http://www.mhlw.
　　go.jp/bunya/kenkou/seikatsu-eisei15/

【2 洞窟篇】
《一般書籍》
『古第三紀・新第三紀・第四紀の生物 下巻』監修：群馬県立自然史博物館，著：土屋 健，2016 年
　　刊行，技術評論社
『新版 絶滅哺乳類図鑑』著：冨田幸光，伊藤丙雄，岡本泰子，2011 年刊行，丸善出版株式会社
『第四紀学』著：町田 洋，小野 昭，河村善也，大場忠道，山崎晴雄，百原 新，2003 年刊行，朝倉
　　書店
『Australia's Lost World』著：Michael Archer，Suzanne J. Hand，Henk Godthelp，2000 年刊行，
　　Indiana University Press
『Cave Bears and Modern Human Origins』著：Robert H. Gargett，1996 年刊行，University
　　Press Of America
『Owls, Caves, and Fossils』著：Peter Andrews，Jill Cook，1990 年刊行，University of Chicago
　　Press
『Riversleigh』著：Michael Archer，Suzanne J. Hand，Henk Godthelp，1994 年刊行，Reed
　　Natural History / New Holland
『The Great Bear Almanac』著：Gary Brown，1993 年刊行，LYONS & BURFORD
《雜誌報導》
『あなたが「化石」になる方法』Newton，2017 年 6 月号，p118-125，ニュートンプレス
『眠りから覚めた謎の人類』ナショナル ジオグラフィック日本版，2015 年 10 月号，p36-61，日経
　　ナショナル ジオグラフィック社
《特別展圖錄》
『世界遺産 ラスコー展』2016 年，国立科学博物館

《網站》

南アの初期人類化石、370万年前のものと判明，2015年4月2日，NATIONAL GEOGRAPHIC，
　　http://natgeo.nikkeibp.co.jp/atcl/news/15/040200028/

もっと知りたい南アフリカの魅力，South African Tourism，http://south-africa.jp/
　　meetsouthafrica_lists/2761/

Bears Cave，Romanian Monasteries，http://www.romanianmonasteries.org/romania/bears-cave

Fossil Hominid Sites of South Africa，UNESCO World Heritage Centre，http://whc.unesco.org/
　　en/list/915

《學術論文》

Cajus G. Diedrich，2005，Cracking and nibbling marks as indicators for the Upper Pleistocene
　　spotted hyena as a scavenger of cave bear (Ursus spelaeus Rosenmüller 1794) carcasses in the
　　Perick Caves den of northwest Germany，Abhandlung Band，p73-90

Cajus G. Diedrich，2009，Upper Pleistocene Panthera leo spelaea (Goldfuss, 1810) remains from
　　the Bilstein Caves (Sauerland Karst) and contribution to the steppe lion taphonomy,
　　palaeobiology and sexual dimorphism，Annales de Paléontologie，vol.95，p117-138

Darryl E. Granger, Ryan J. Gibbon, Kathleen Kuman, Ronald J. Clarke, Laurent Bruxelles & Marc
　　W. Caffee，2015，New cosmogenic burial ages for Sterkfontein Member 2 Australopithecus
　　and Member 5 Oldowan，nature，vol.522，p85-88

Laurent Bruxelles, Ronald J. Clarke, Richard Maire, Richard Ortega, Dominic Stratford,
　　Stratigraphic analysis of the Sterkfontein StW 573 Australopithecus skeleton and implications
　　for its age，Journal of Human Evolution，vol.70，p36-48

Lee R Berger, John Hawks, Darryl J de Ruiter, Steven E Churchill, Peter Schmid, Lucas K
　　Delezene, Tracy L Kivell, Heather M Garvin, Scott A Williams, Jeremy M DeSilva, Matthew
　　M Skinner, Charles M Musiba, Noel Cameron, Trenton W Holliday, William Harcourt-Smith,
　　Rebecca R Ackermann, Markus Bastir, Barry Bogin, Debra Bolter, Juliet Brophy, Zachary D
　　Cofran, Kimberly A Congdon, Andrew S Deane, Mana Dembo, Michelle Drapeau, Marina C
　　Elliott, Elen M Feuerriegel, Daniel Garcia-Martinez, David J Green, Alia Gurtov, Joel D Irish,
　　Ashley Kruger, Myra F Laird, Damiano Marchi, Marc R Meyer, Shahed Nalla, Enquye W
　　Negash, Caley M Orr, Davorka Radovcic, Lauren Schroeder, Jill E Scott, Zachary
　　Throckmorton, Matthew W Tocheri, Caroline VanSickle, Christopher S Walker, Pianpian Wei,
　　Bernhard Zipfel，2015，Homo naledi, a new species of the genus Homo from the Dinaledi
　　Chamber, South Africa，eLife，4:e09560，DOI: 10.7554/eLife.09560

【3 永凍土篇】
《一般書籍》

『Frozen Fauna of the Mammoth Steppe』著：R. Dale Guthrie，1990年刊行，University Of
　　Chicago Press

『The Carcasses of the Mammoth and Rhinoceros Found in the Frozen Ground of Siberia』著：
　　Innokentii Pavlovitch Tolmachoff，2013年刊行，Literary Licensing, LLC

『Mammoths: Giants of the Ice Age, Revised edition』著：Adrian Lister，Paul Bahn，2009年刊行，
　　University of California Press

《新聞稿》

シベリアの凍土融解が急激に進行〜地中の温度が観測史上最高を記録し地表面で劇的な変化が発
　　生〜，JAMSTEC，2008年1月18日，http://www.jamstec.go.jp/j/about/press_
　　release/20080118/index.html

《特別展圖錄》

『マンモス「YUKA」』2013年，パシフィコ横浜

《網站》

フリーズドライって何？，コスモス食品，http://www.cosmosfoods.co.jp/freezedry/whats.html

《學術論文》

Anastasia Kharlamova, Sergey Saveliev, Anastasia Kurtova, Valery Chernikov, Albert Protopopov, Genady Boeskorov, Valery Plotnikov, Vadim Ushakov, Evgeny Maschenko, 2014, Preserved brain of the Woolly mammoth (Mammuthus primigenius (Blumenbach 1799)) from the Yakutian permafrost, Quaternary International, vol.406, PartB, p86-93

Daniel C. Fisher, Alexei N. Tikhonov, Pavel A. Kosintsev, Adam N. Rountrey, Bernard Buigues, Johannes van der Plicht, 2012, Anatomy, death, and preservation of a woolly mammoth (Mammuthus primigenius) calf, Yamal Peninsula, northwest Siberia, Quaternary International, vol.255, p94-105

Gennady G. BOESKOROV, Olga R. POTAPOVA, Eugeny N. MASHCHENKO, Albert V. PROTOPOPOV, Tatyana V. KUZNETSOVA, Larry AGENBROAD, Alexey N. TIKHONOV, 2014, Preliminary analyses of the frozen mummies of mammoth(Mammuthus primigenius), bison (Bison priscus) and horse (Equus sp.) from the Yana-Indigirka Lowland, Yakutia, Russia, Integrative Zoology, vol.9, p471-480

【4 濕地遺體篇】

《一般書籍》

『低湿地の考古学』著：ブライアニ コールズ，ジョン コールズ，1994 年刊行，雄山閣出版

『ぷよぷよたまごをつくろう』著：佐巻健男，イラスト：水原素子，1997 年刊行，汐文社

『甦る古代人』著：P.V. グロブ，2002 年刊行，刀水書房

『Grauballe Man』編：Pauline Asingh，Niels Lynnerup，2004 年刊行，Aarhus Universitetsforlag

『PEOPLE of the WETLANDS』著：Bryony Coles，John M. Coles，1989 年刊行，Thames & Hudson

『The BOG PEOPLE』著：P.V. Glob, Elizabeth Wayland Barber, Paul Barber, 2004 年刊行，New York Review Books Classics

《雜誌報導》

『湿地に眠る不思議なミイラ』ナショナルジオグラフィック日本版，2007 年 9 月号，p132-145，日経ナショナルジオグラフィック社

《網站》

冷凍庫の庫内の温度はどのくらいなのか？，Panasonic，http://jpn.faq.panasonic.com/app/answers/detail/a_id/9962/~/ 冷凍庫の庫内の温度はどのくらいなのか？

Why are Bog Bodies Preserved for Thousands of Years?，Silkeborg Public library，http://www.tollundman.dk/bevaring-i-mosen.asp

《學術論文》

Heather Gill-Frerking, Colleen Healey, 2011, Experimental Archaeology for the Interpretation of Taphonomy related to Bog Bodies: Lessons learned from two Projects undertaken a Decade apart, Yearbook of Mummy Studies, vol.1, p69-74

H. Gill-Frerking, W. Rosendahl, 2011, Use of Computed Tomography and Three-Dimensional Virtual Reconstruction for the Examination of a 16th Century Mummified Dog from a North German Peat Bog, International Journal of Osteoarchaeology, DOI: 10.1002/oa.1290

Niels Lynnerup, 2015, Bog Bodies, The Anatomical Record, vol.298, p1007-1012

【5 琥珀篇】

《一般書籍》

『古第三紀・新第三紀・第四紀の生物 上巻』監修：群馬県立自然史博物館，著：土屋 健，2016 年刊行，技術評論社

『完璧版 宝石の写真図鑑』著：キャリー・ホール，1996 年刊行，日本ヴォーグ社

『Atlas of Plants and Animals in Baltic Amber』著：Wolfgang Weitschat, Wilfried Wichard, 2002 年刊行，Verlag Dr. Friedrich Pfeil・München

《雑誌報導》

『世界初！恐竜の尾が入った琥珀を発見』Newton，2017 年 3 月号，p14-15，ニュートンプレス

《學術論文》

Lida Xing, Jingmai K. O'Connor, Ryan C. McKellar, Luis M. Chiappe, Kuowei Tseng, Gang Li, Ming Bai, 2017, A mid-Cretaceous enantiornithine (Aves) hatchling preserved in Burmese amber with unusual plumage, Gondwana Research, DOI: 10.1016/j.gr.2017.06.001

Lida Xing, Ryan C. McKellar, Xing Xu, Gang Li, Ming Bai, W. Scott Persons IV, Tetsuto Miyashita, Michael J. Benton, Jianping Zhang, Alexander P. Wolfe, Qiru Yi, Kuowei Tseng, Hao Ran, Philip J. Currie, 2017, A Feathered Dinosaur Tail with Primitive Plumage Trapped in Mid-Cretaceous Amber, Current Biology, DOI: http://dx.doi.org/10.1016/j.cub.2016.10.008

Matt Kaplan, 2012, DNA has a 521-year half-life, nature NEWS, DOI:10.1038/nature.2012.11555

Morten E. Allentoft, Matthew Collins, David Harker, James Haile, Charlotte L. Oskam, Marie L. Hale, Paula F. Campos, Jose A. Samaniego, M. Thomas P. Gilbert, Eske Willerslev, Guojie Zhang, R. Paul Scofield, Richard N. Holdaway, Michael Bunce, 2012, The half-life of DNA in bone: measuring decay kinetics in 158 dated fossils, PROCEEDINGS OF THE ROYAL SOCIETY B, 279, DOI: 10.1098/rspb.2012.1745

【6 火山灰篇】

《一般書籍》

『オルドビス紀・シルル紀の生物』監修：群馬県立自然史博物館，著：土屋 健，2013 年刊行，技術評論社

『古生物たちのふしぎな世界』協力：田中源吾，著：土屋 健，2017 年刊行，講談社

『コンサイス 外国地名事典 第 3 版』監修：谷岡武雄，編：三省堂編修所，1998 年刊行，三省堂

『新版 地学事典』編：地学団体研究会，1996 年刊行，平凡社

『ポンペイ』著：浅香 正，1995 年刊行，芸艸堂

『EVOLUTION OF FOSSIL ECOSYSTEMS,SECOND EDITION』著：Paul Selden, John Nudds, 2012 年刊行，Academic Press

《網站》

貝形虫，国立科学博物館，https://www.kahaku.go.jp/research/db/botany/bikaseki/2-kaigatamusi.html

古代都市ポンペイは、現代社会にそっくりだった，2016 年 4 月 14 日，NATIONAL GEOGRAPHIC，http://natgeo.nikkeibp.co.jp/atcl/news/16/041300135/

ポンペイ犠牲者の石こう像を CT 撮影 当時の生活を推測，2016 年 11 月 25 日，NIKKEI STYLE，https://style.nikkei.com/article/DGXMZO09540260V11C16A1000000?channel=DF260120166525

Ancient fossil penis discovered，2003 年 12 月 5 日，BBC NEWS，http://news.bbc.co.uk/2/hi/science/nature/3291025.stm

How Philips scanners brought Pompeii to life, PHILIPS, https://www.philips.com/a-w/about/news/archive/blogs/innovation-matters/how-philips-scanners-brought-pompeii-to-life.html

《學術論文》

David J. Siveter, Mark D. Sutton, Derek E. G. Briggs, Derek J. Siveter, 2003, An Ostracode Crustacean with Soft Parts from the Lower Silurian, Science, vol.302, p1749-1751

Derek E. G. Briggs, Derek J. Siveter, David J. Siveter, Mark D. Sutton, David Legg, 2016, Tiny individuals attached to a new Silurian arthropod suggest a unique mode of brood care, PNAS, vol.113, no.16, p4410-4415

Mark D. Sutton, Derek E. G. Briggs, David J. Siveter, Derek J. Siveter, Patrick J. Orr, 2002, The arthropod Offacolus kingi (Chelicerata) from the Silurian of Herefordshire, England: computer based morphological reconstructions and phylogenetic affinities, PROCEEDINGS OF THE ROYAL SOCIETY B,269, 1195-1203

Patrik J. Orr, Derek E. G. Briggs, David J. Siveter, Derek J. Siveter, 2000, Three-dimensional preservation of a non-biomineralized arthropod in concretions in Silurian volcaniclastic rocks from Herefordshire, England, Journal of the Geological Society, London, vol.157, p173-186

【7 石板篇】

《一般書籍》

『世界の化石遺産』著：P. A. セルデン，J. R. ナッズ，2009 年刊行，朝倉書店

『ジュラ紀の生物』監修：群馬県立自然史博物館，著：土屋 健，2015 年刊行，技術評論社

『ゾルンホーフェン化石図譜Ⅰ』著：K. A. フリックヒンガー，2007 年刊行，朝倉書店

『ゾルンホーフェン化石図譜Ⅱ』著：K. A. フリックヒンガー，2007 年刊行，朝倉書店

『地球環境と生命史』著：鎮西清高，植村和彦，2004 年刊行，朝倉書店

《網站》

浸透圧・脱水作用，塩事業センター，http://www.shiojigyo.com/siohyakka/about/data/permeation.html

X-rays reveal new picture of 'dinobird' plumage patterns, The University of Manchester, http://www.manchester.ac.uk/discover/news/article/?id=10202

《學術論文》

Dean R. Lomax, Christopher A. Racay, 2012, A Long Mortichnial Trackway of Mesolimulus walchi from the Upper Jurassic Solnhofen Lithographic Limestone near Wintershof, Germany, Ichnos: An International Journal for Plant and Animal Traces, vol.19, no.3, p175-183

Oliver W. M. Rauhut, Christian Foth, Helmut Tischlinger, Mark A. Norell, 2012, Exceptionally preserved juvenile megalosauroid theropod dinosaur with filamentous integument from the Late Jurassic of Germany, PNAS, vol.109, no.29, p11746-11751

Phillip. L. Manning, Nicholas P. Edwards, Roy A. Wogelius, Uwe Bergmann, Holly E. Barden, Peter L. Larson, Daniela Schwarz-Wings, Victoria M. Egerton, Dimosthenis Sokaras, Roberto A. Mori, William I. Sellers, 2013, Synchrotron-based chemical imaging reveals plumage patterns in a 150 million year old early bird, J. Anal. At. Spectrom, vol.28, p1024-1030

Ryan M. Carney, Jakob Vinther, Matthew D. Shawkey, Liliana D'Alba, Jörg Ackermann, 2012, New evidence on the colour and nature of the isolated Archaeopteryx feather, Nat. Commun., 3:637 DOI: 10.1038/ncomms1642

【8 油頁岩篇】

《一般書籍》

『古第三紀・新第三紀・第四紀の生物 上巻』監修：群馬県立自然史博物館，著：土屋 健，2016 年
　　刊行，技術評論社

『ザ・リンク』著：コリン・タッジ，2009 年刊行，早川書房

『世界の化石遺産』著：P. A. セルデン，J. R. ナッズ，2009 年刊行，朝倉書店

『理科年表 平成 30 年』編：国立天文台，2017 年刊行，丸善出版

《網站》

交尾中のカメの化石、脊椎動物では初，2012 年 6 月 22 日，NATIONAL GEOGRAPHIC，http://
　　natgeo.nikkeibp.co.jp/nng/article/news/14/6279/

「昆虫を食べたトカゲを食べたヘビ」の化石発見，2016 年 9 月 9 日，NATIONAL GEOGRAPHIC，
　　http://natgeo.nikkeibp.co.jp/atcl/news/16/090900338/

《學術論文》

Gerald Mayr, Volker Wilde, Eocene fossil is earliest evidence of flower visiting by birds,
　　BIOLOGY LETTERS, 10: 20140223. http://dx.doi.org/10.1098/rsbl.2014.0223

Jens Lorenz Franzen, Christine Aurich, Jörg Habersetzer, 2015, Description of a Well
　　Preserved Fetus of the European Eocene Equoid Eurohippus messelensis, PLoS ONE, 10(10):
　　e0137985. DOI:10.1371/journal.pone.0137985

Jens L. Franzen, Philip D. Gingerich, Jörg Habersetzer, Jørn H. Hurum, Wighart von
　　Koenigswald, B. Holly Smith, 2009, Complete Primate Skeleton from the Middle Eocene of
　　Messel in Germany: Morphology and Paleobiology, PLoS ONE, 4(5): e5723. DOI:10.1371/
　　journal.pone.0005723

Krister T. Smith, Agustin Scanferla, 2016, Fossil snake preserving three trophic levels and
　　evidence for an ontogenetic dietary shift, Palaeobio Palaeoenv, DOI:10.1007/s12549-016-0244-1

Shane O'Reilly, Roger Summons, Gerald Mayr, Jakob Vinther, 2017, Preservation of uropygial
　　gland lipids in a 48-million-year-old bird, PROCEEDINGS OF THE ROYAL SOCIETY B,
　　284: 20171050. http://dx.doi.org/10.1098/rspb.2017.1050

Walter G. Joyce, Norbert Micklich, Stephan F. K. Schaal, Torsten M. Scheyer, 2012, Caught in the
　　act: the first record of copulating fossil vertebrates, BIOLOGY LETTERS, DOI:10.1098/
　　rsbl.2012.0361

【9 寶石篇】

《一般書籍》

『完璧版 宝石の写真図鑑』著：キャリー・ホール，1996 年刊行，日本ヴォーグ社

『三葉虫の謎』著：リチャード・フォーティ，2002 年刊行，早川書房

『EVOLUTION OF FOSSIL ECOSYSTEMS,SECOND EDITION』著：Paul Selden, John Nudds,
　　2012 年刊行，Academic Press

『GEMS AND GEMSTONES』著：Lance Grande, Allison Augustyn, John Weinstein, 2009 年刊行,
　　University of Chicago Press

《雜誌報導》

『あなたが「化石」になる方法』Newton，2017 年 6 月号，p118-125，ニュートンプレス

《網站》

企画展ミネラルズ，徳島県立博物館，http://www.museum.tokushima-ec.ed.jp/bb/chigaku/
    minerals/index.html

About Opals，THE NARIONAL OPAL COLLECTION，http://www.nationalopal.com/opals/
    about-opals-gemstone.html

Umoonasaurus demoscyllus，AUSTRALIAN MUSEUM，https://australianmuseum.net.au/
    omoonasaurus-demoscyllus

《學術論文》

赤羽久忠，古野 毅，1993，形成されつつある珪化木—富山県立山温泉「新湯」における珪化木生
    成の一例—，地質学雑誌，第 99 巻，第 6 号，p457-466

Benjamath Pewkliang, Allan Pring, Joël Brugger，2008，The formation of precious opal: Clues
    from the opalization of bone，The Canadian Mineralogist，vol.46，p139-149

Benjamin P Kear, Natalie I Schroeder, Michael S.Y Lee，2006，An archaic crested plesiosaur in
    opal from the Lower Cretaceous high-latitude deposits of Australia，BIOLOGY LETTERS，
    vol.2，p615-619

Derek E.G. Briggs, Simon H. Bottrell, Robert Raiswell，1991，Pyritization of soft-bodied fossils:
    Beecher's Trilobite Bed, Upper Ordovician, New York State，Geology，vol.19，p1221-1224

Keith A. Mychaluk, Alfred A. Levinson, Russell L. Hall，2001，Ammolite: Iridescent fossilized
    ammonite from Southern Alberta, Canada，GEMS & GEMOLOGY，p4-25

Thomas A. Hegna, Markus J. Martin, Simon A. F. Darroch，2017，Pyritized in situ trilobite eggs
    from the Ordovician of New York (Lorraine Group): Implications for trilobite reproductive
    biology，Geology，vol.45，no.3，p199-202

【10 焦油篇】
《一般書籍》

『古第三紀・新第三紀・第四紀の生物 下巻』監修：群馬県立自然史博物館，著：土屋 健，2016 年
    刊行，技術評論社

『新版 絶滅哺乳類図鑑』著：冨田幸光，伊藤丙雄，岡本泰子，2011 年刊行，丸善出版株式会社

『世界の化石遺産』著：P. A. セルデン，J. R. ナッズ，2009 年刊行，朝倉書店

《網站》

LA BREA TARPITS & MUSEUM，https://tarpits.org

《學術論文》

M. Aleksander Wysocki, Robert S. Feranec, Zhijie Jack Tseng, Christopher S. Bjornsson, 2015,
    Using a Novel Absolute Ontogenetic Age Determination Technique to Calculate the Timing
    of Tooth Eruption in the Saber-Toothed Cat, Smilodon fatalis，PLoS ONE，10(7):e0129847.
    DOI:10.1371/journal.pone.0129847

【11 立體篇】
《一般書籍》

『エディアカラ紀・カンブリア紀の生物』監修：群馬県立自然史博物館，著：土屋 健，2013 年刊行，
    技術評論社

『新版 絶滅哺乳類図鑑』著：冨田幸光，伊藤丙雄，岡本泰子，2011 年刊行，丸善出版株式会社

『白亜紀の生物 下巻』監修：群馬県立自然史博物館，著：土屋 健，2015 年刊行，技術評論社

《新聞稿》

3D 化石と「汚物だめ」：カンブリア紀オルステン化石の保存の謎を解明，京都大学，2011 年 4 月
    12 日，http://www.kyoto-u.ac.jp/static/ja/news_data/h/h1/news6/2011/110412_1.htm

《學術論文》

Andreas Maas, Andreas Braun, Xi-Ping Dong, Philip C. J. Donoghue, Klaus J. Müller, Ewa Olempska, John E. Repetski, David J. Siveter, Martin Stein, Dieter Waloszek, 2006, The 'Orsten'—More than a Cambrian Konservat-Lagerstätte yielding exceptional preservation, Palaeoworld, vol.15, p266–282

David M. Martill, 1988, Preservation of fish in the Cretaceous Santana Formation of Brazil, Palaeontology, vol.31, Part1, p1-18

David M. Martill, 1989, The Medusa effect; instantaneous fossilization, Geology Today, November-December, p201-205

Dieter Waloszek, 2003, The 'Orsten' window — a three-dimensionally preserved Upper Cambrian meiofauna and its contribution to our understanding of the evolution of Arthropoda, Paleontological Research, vol.7, no.1, p71-88

Haruyoshi Maeda, Gengo Tanaka, Norimasa Shimobayashi, Terufumi Ohno, Hiroshige Matsuoka, 2011, Cambrian Orsten Lagerstätte from the Alum Shale Formation: Fecal pellets as a probable source of phosphorus preservation, PALAIOS, vol.26, no.4, p225-231

Mats E. Eriksson, Esben Horn, 2017, Agnostus pisiformis — A half a billion-year old pea-shaped enigma, Earth-Science Reviews, DOI: 10.1016/j.earscirev.2017.08.004

【12 岩塊篇】
《雜誌報導》
『あなたが「化石」になる方法』Newton, 2017 年 6 月号, p118-125, ニュートンプレス
《新聞稿》
従来の化石形成速度の概念を覆す！生物遺骸を保存する球状コンクリーションの形成メカニズムを解明, 名古屋大学・岐阜大学, 2015 年 9 月 10 日, https://www.gifu-u.ac.jp/about/publication/press/20150910-3.pdf
《學術論文》

Hidekazu Yoshida, Atsushi Ujihara, Masayo Minami, Yoshihiro Asahara, Nagayoshi Katsuta, Koshi Yamamoto, Sin-iti Sirono, Ippei Maruyama, Shoji Nishimoto, Richard Metcalfe, 2015, Early post-mortem formation of carbonate concretions around tusk-shells over week-month timescales, Scientific Reports, DOI:10.1038/srep14123

【番外篇】
《一般書籍》
『世界の化石遺産』著：P. A. セルデン, J. R. ナッズ, 2009 年刊行, 朝倉書店
『地球環境と生命史』著：鎮西清高, 植村和彦, 2004 年刊行, 朝倉書店
『澄江生物群化石図譜』著：X・ホウ, R・J・アルドリッジ, J・ベルグストレーム, ディヴィッド・J・シヴェター, デレク・J・シヴェター, X・フェン, 2008 年刊行, 朝倉書店
『Taphonomy: A Process Approach』著：Ronald E. Martin, 1999 年刊行, Cambridge University Press
《學術論文》

Gengo Tanaka, Xianguang Hou, Xiaoya Ma, Gregory D. Edgecombe, Nicholas J. Strausfeld, 2013, Chelicerate neural ground pattern in a Cambrian 'great appendage' arthropod, Nature, vol.502, p364-367

Karma Nanglu, Jean-Bernard Caron, 2018, A New Burgess Shale Polychaete and the Origin of the Annelid Head Revisited, Current Biology, vol.28, p319–326

Nicholas J. Butterfield, 2002, Leanchoilia Guts and the Interpretation of Three-Dimensional Structures in Burgess Shale-Type Fossils, Paleobiology, vol.28, no.1, p155-171

Robert R. Gaines, Emma U. Hammarlund, Xianguang Hou, Changshi Qi, Sarah E. Gabbott,
    Yuanlong Zhao, Jin Peng, Donald E. Canfield, 2012, Mechanism for Burgess Shale-type
    preservation, PNAS, vol.109, no.14, p5180-5184
Peiyun Cong, Xiaoya Ma, Xianguang Hou, Gregory D. Edgecombe, Nicholas J. Strausfeld, 2014,
    Brain structure resolves the segmental affinity of anomalocaridid appendages, Nature,
    vol.513, p538-542
Xiaoya Ma, Xianguang Hou, Gregory D. Egecombe, Nicholas J. Strausfeld, 2012, Complex brain
    and optic lobes in an early Cambrian arthropod, Nature, vol.490, p258-261

【另類的後記】
《一般書籍》
『人類の進化大図鑑』編著：アリス・ロバーツ，2012 年刊行，河出書房新社

索引（地名）※各項目的相關照片

學名一覽表

學名	本書使用名稱	學名	本書使用名稱
Australopithecus	南方古猿	*Orthrozanclus*	直鐮殼蟲
Agnostus	球接子	*Ottoia*	奧托蟲
Alalcomenaeus	始蟲	*Palaeopython*	古蟒
Allaeochelys	阿拉耶歐克里斯豬鼻龜	*Panthera atrox*	美洲擬獅
Anomalocaris	奇蝦	*Panthera spelaea*	穴獅
Aquilonifer	棘刺風箏蟲	*Pumiliornis*	黑森侏儒鳥
Archaeopteryx	始祖鳥	*Rhacolepis*	棒鞘魚
Ardipithecus	地猿	*Sciurumimus*	似松鼠龍
Argentinosaurus	阿根廷龍	*Shergoldana*	謝爾歌當那線蟲
Bison antiquus	古風野牛	*Smilodon*	斯劍虎
Bison priscus	西伯利亞野牛	*Succinilacerta*	琥珀古蜥蜴
Bredocaris	布雷德卡里斯顎足蟲	*Tietea*	塔梯合囊蕨
Calamopleurus	卡拉矛普萊弓鰭魚	*Triarthrus*	三分節蟲
Cambropachycope	獨眼寒武紀古蝦	*Tyrannosaurus*	暴龍
Canis dirus	恐狼	*Ursus spelaeus*	洞熊
Colymbosathon	大陰莖善泳介形蟲	*Vicaria*	維卡利亞螺
Crocuta spelaea	洞鬣狗	*Wiwaxia*	微瓦霞蟲
Darwinius	達爾文猴		
Diraphora	迪拉佛拉		
Elrathia	愛爾納蟲		
Eurohippus	歐羅希帕斯小型馬		
Fuxianhuia	撫仙湖蟲		
Geiseltaliellus	格伊瑟魯蜥		
Goticaris	哥特蝦		
Hesslandona	赫斯蘭多納		
Homo erectus	直立人		
Homo habilis	巧人		
Homo naledi	納萊迪人		
Homo neanderthalensis	尼安德塔人		
Knightia	艾氏魚		
Kootenayscolex	庫特尼剛毛蟲		
Leanchoilia	林橋利蟲		
Lyrarapax	里拉琴奇蝦		
Mammut americanum	美洲乳齒象		
Mammuthus columbi	哥倫比亞猛瑪		
Mammuthus primigenius	長毛象／真猛瑪象		
Marrella	馬爾三葉形蟲		
Mesolimulus	中鱟		
Odontogriphus	齒迷蟲		
Offacolus	奧法蟲		
Olenoides	奧藍得三葉蟲		
Opabinia	歐巴賓海蠍		

■ 作者介紹

土屋健

Office GeoPalaeont的代表。科學作家。出生
於埼玉縣。金澤大學大學院自然科學研究科碩士
（地質學、古生物學領域）畢業，於科學雜誌
《Newton》擔任編輯記者、代理部長，爾後成
為獨立科學作家。有許多著作，文稿亦在許多雜
誌上刊出。近期著作包括《有趣的日本恐龍介
紹》（共著，平凡社）、《奇怪的古生物》（技術
評論社），監修書包括《MOVE COMICS 地球
與生命的大進化》（講談社）等。
高中時，曾有朋友對他說：「土屋你啊，將來應
該是想變成化石吧？」之後就讀大學、出了社
會，雖然周圍的環境和人一直在改變，但不知為
何也都一直有人對他做出這樣的評論。

■ 監修者介紹

前田晴良

九州大學綜合研究博物館教授。東京都品川區出
身。高中時代曾是棒球健將（外野手）。東京大
學理學博士。深深著迷於菊石的魅力，至今一直
沒能從化石之道（＝石道）畢業。國中時，曾
受過一位喜歡化石的學長（現在活躍於石油產
業）的薰陶，這位學長曾在題目是「未來想當什
麼？」的作文中，寫他以後想當「化石」，而被
叫去教職員室。
因為工作的關係，親眼看過許多成為化石的生物
死狀。現在正為一個人生中最重大的抉擇而苦
惱，那就是死掉的時候應該要靜靜地躺在地下，
什麼都不留下，還是要抱著即使埋在糞便堆內也
要成為化石、留芳百世的心態死去。

■ 繪者介紹

Erushima Saku

多摩美術大學日本畫學科畢業。是以博物學為主
題的T恤品牌「PYRITE SMILE」的插畫負責人。
亦負責技術評論社所出版的《古生物的黑皮書》
系列的古生物復原插畫。喜歡生物與礦物。
如果能製作化石流傳後世的話……希望能留下各
種動物的毛髮或鱗片等，可以一眼看出其特徵的
部位，以作為後世復原插畫的參考資料。
「PYRITE SMILE」：
http://pyritesmile.shop-pro.jp

■ 日文版STAFF

編輯／Do and do planning有限公司
內頁設計／橫山明彥（WSB inc.）
製圖／土屋香

國家圖書館出版品預行編目資料

探索古生物的祕密——「我也能變成化石
嗎？」／ 土屋健著；前田晴良監修；陳朕疆
譯. -- 初版. --臺北市：臺灣東販, 2019.08
224面； 14.8×21公分
ISBN 978-986-511-093-2 (平裝)

1.化石 2.古生物學

359.1　　　　　　　　　　　　108010771

KASEKI NI NARITAI: YOKU WAKARU
KASEKI NO TSUKURIKATA
Written by Ken Tsuchiya
Supervised by Haruyoshi Maeda
Copyright © 2018 Ken Tsuchiya
All rights reserved.
Original Japanese edition published
by Gijutsu-Hyoron Co., Ltd., Tokyo

This Complex Chinese edition is published
by arrangement with Gijutsu-Hyoron Co., Ltd.,
Tokyo in care of Tuttle-Mori Agency, Inc., Tokyo.

探索古生物的祕密——

「我也能變成化石嗎？」

2019年8月15日初版第一刷發行

作　　者　土屋健
監 修 者　前田晴良
譯　　者　陳朕疆
編　　輯　陳映潔
特約編輯　黃琮軒
美術編輯　黃郁琇
發 行 人　南部裕
發 行 所　台灣東販股份有限公司
　　　　　＜地址＞台北市南京東路4段130號2F-1
　　　　　＜電話＞(02)2577-8878
　　　　　＜傳真＞(02)2577-8896
　　　　　＜網址＞http://www.tohan.com.tw
郵撥帳號　1405049-4
法律顧問　蕭雄淋律師
總 經 銷　聯合發行股份有限公司
　　　　　＜電話＞(02)2917-8022